# 人工智能 大众指南

〔澳大利亚〕约翰·泽里利（John Zerilli）等　著

徐　源　王　航　译

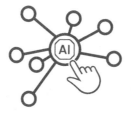

A Citizen's Guide to
Artificial Intelligence

科学出版社

北京

图字：01-2022-6575 号

## 内 容 简 介

在人工智能飞速发展的今天，大众对于这一前沿技术仍感神秘且难以窥探其深。为此，本书针对人工智能的核心问题进行了深入剖析，旨在帮助读者揭开其神秘面纱。

本书的主要内容围绕以下问题展开：什么是人工智能？人工智能能否解释其决策？它能否承担法律责任？它是否具有代理权？人类应该保留对这类系统的何种控制权，是否取决于所做决策的类型？如今数据共享比 10 年前更容易也更普遍，我们是否需要对隐私法进行根本性的反思？我们如何应对通过针对性政治广告进行操纵的潜在可能？政府在使用决策工具方面与产业界是否有所不同？在这方面，国家是否对其公民负有独特的义务？如何更好地监管像脸书（Facebook）、谷歌（Google）和苹果（Apple）这样的巨头？监管是答案吗？需要什么样的监管？

无论你是专业研究者还是普通读者，本书都将带你走进人工智能的世界，深入探讨这些热点问题，帮助你更好地理解并应对人工智能带来的挑战与机遇。让我们一起迎接这个充满变革的新时代。

图书在版编目（CIP）数据

人工智能大众指南 /(澳) 约翰·泽里利等著；徐源，王航译. -- 北京：科学出版社，2024. 10.--ISBN 978-7-03-079615-8

Ⅰ. TP18-62

中国国家版本馆 CIP 数据核字第 2024233R9Z 号

责任编辑：邹 聪 陈晶晶 / 责任校对：韩 杨
责任印制：赵 博 / 封面设计：有道文化

科 学 出 版 社 出版
北京东黄城根北街 16 号
邮政编码：100717
http://www.sciencep.com
天津市新科印刷有限公司印刷
科学出版社发行 各地新华书店经销
*
2024 年 10 月第 一 版 开本：720×1000 1/16
2025 年 1 月第二次印刷 印张：13 1/2
字数：200 000
定价：98.00 元

（如有印装质量问题，我社负责调换）

# 前　言

　　过去 10 年里，各种算法决策工具的复杂性和普及度都出现了前所未有的增长。从音乐和电视节目推荐、产品广告和民意调查到医疗诊断、大学招生、就业安置和金融服务，这些技术的潜在应用范围十分广泛。在企业界抓住时机进入这一领域时，政府也在逐步将算法决策支持系统纳入其日常运作。例如，世界各地的许多警察和执法机构都采用了深度学习工具，努力提高效率并（据说）减少人为偏见。然而，尽管推广势头不减，爱好者们也非常欢迎新时代的到来，但并非所有人都信任机器。那些等待医疗保险索赔结果的人或寻求保释或假释的被告是否必须相信机器最了解情况？决定诸如罪犯重新犯罪率的机器是否真的能做到准确无误、不带偏见且运作透明吗？

　　本书是我们共同努力尝试理解新的算法世界秩序的结果，围绕 10 个核心主题展开。这些主题涉及的问题包括：什么是人工智能？人工智能能否解释其决策？它能否承担法律责任？它是否具有代理权？人类应该保留对这类系统的何种控制权，是否取决于所做决策的类型？如今数据共享比 10 年前更容易也更普遍，我们是否需要对隐私法进行根本性的反思？我们如何应对通过针对性政治广告进行操纵的潜在可能？政府在使用决策工具方面与产业界是否有所不同？在这方面，国家是否对其公民负有独特的义务？

如何更好地监管像脸书（Facebook）、谷歌（Google）和苹果（Apple）这样的巨头？监管是答案吗？需要什么样的监管？

本书的作者阵容有些不同寻常，可能值得解释一两句。简单来说，虽然我们想让各个领域的专家撰写相关主题，但我们并不希望本书成为章节杂糅、风格迥异的汇编文集。为公众撰写一部权威作品固然重要，但我们认为文章基调和写作风格统一也很重要。因此，我们需要有人来撰写本书的大部分内容，换句话说，需要有人来为本书定基调，并且这个人要乐于修改其他作者所写的内容，并统一风格。理想情况下，这两个角色应由同一人担任，约翰·泽里利（John Zerilli）同意担任这个角色，他贡献了将近一半的内容，并将其余的材料进行修改，使本书保持风格一致。

我们相信，本书会就人工智能方面为大众答疑解惑。

# 致　谢

约翰·泽里利、詹姆斯·麦克劳林（James Maclaurin）、科林·加瓦安（Colin Gavaghan）、阿利斯泰尔·诺特（Alistair Knott）和乔伊·利迪科特（Joy Liddicoat）感谢新西兰法律基金会为"新西兰人工智能和法律"（AI and Law in New Zealand）项目提供的慷慨援助。

约翰·泽里利还想感谢剑桥大学利弗休姆未来智能中心（Leverhulme Centre for the Future of Intelligence）在本书创作过程中能接待他的来访，感谢深度思维伦理与社会团队（DeepMind Ethics and Society）提供的慷慨支持。

第 2 章的部分内容和前言经授权转载自施普林格·自然（Springer Nature）出版的《哲学与技术》（*Philosophy and Technology*）一书中的"算法和人类决策的透明度：是否存在双重标准？"（"Transparency in Algorithmic and Human Decision-Making: Is There a Double Standard?"）一章，作者为约翰·泽里利、阿利斯泰尔·诺特、詹姆斯·麦克劳林和科林·加瓦安，出版于 2018 年。第 5 章的部分内容转载自施普林格·自然旗下的《思想与机器》（*Minds and Machines*）期刊中的"算法决策与控制问题"（"Algorithmic Decision-Making and the Control Problem"）一文，作者同上，发表于 2019 年。

# 序言：人工智能为何引人瞩目？

惊人的技术壮举总会让我们驻足。在某种程度上，它们让我们感到既卑微又高贵。一边提醒我们，没有它们，我们是多么无力；一边让我们意识到，我们是多么强大才能创造出它们。

有时候最初看起来前景广阔的新兴技术会逐渐消失，并很快被人遗忘。（谁还会用黑莓手机？）在其他时候，情况似乎正好相反：一项巧妙的发明刚开始似乎乏善可陈，但后来其重要性逐渐被证实。在 20 世纪，无论是未来学家 H. G. 威尔斯（H. G. Wells）还是英国皇家海军都不认为潜艇会有多大作为。[1]如今，隐形潜艇已经成为海军行动中不可或缺的一部分。仅仅一个世纪之前，查尔斯·巴贝奇（Charles Babbage）的"分析引擎"设计被认为是疯狂幻想，最终历史惊人地证明了其远见卓识。分析引擎本质上是世界上第一台可编程的通用计算机。值得注意的是，巴贝奇的设计也预见了今天每一台标准台式机使用的冯·诺依曼结构：独立的存储器、中央处理器、循环和条件分支。

然而，每隔一段时间，一项发明就会声势浩大地公之于世，也*理应如此*，因为炒作的确合理。炒作是科技界的默认设置，新技术就其本质而言，往往倾向于炒作。对此，诀窍是冷静地浏览目录，只挑选出那些有理由被炒作的项目。

　　当然，如果知道如何做到这一点，我们就能更好地回答关于人类历史和命运的更深刻问题。例如，在历史的哪个时刻，"一种新现实"最终会为人所接受？何时破釜沉舟，事情才能完全不同？在某种程度上，答案将取决于人们认同的历史理论。例如，过去一百年的历史叙事是否平滑、连续？在这个叙事过程中的任何一点上，是否可大致预测出未来3～10年的情况？或者说，19世纪的历史是否中断、断续、曲折，无法预见最终结果？如果历史是平稳平滑的，换句话说也许难以全部预料未来所发生的事，但发展轨迹基本不出人意料，那么要准确地指出重要时刻就会难得多，因为我们很可能捕捉不到这些时刻。也许新领导人的选举看起来和以前的每一次选举都很相似，以至于我们当时无法意识到这一时刻多么重要。根据这一理论，历史的发展或多或少是平稳的，因此真正具有划时代意义的事件很可能被淹没在熟悉而平常的跌宕起伏中。另外，如果认同历史颠簸理论，就应该更容易发现分水岭时刻。根据"颠簸"理论，分水岭时刻在发生。历史永远出人意料、出其不意。

　　事实可能介于两者之间。历史惹人愤怒，还是令人感激？它既充满惊喜又平平无奇。任何人都无法预料历史的转折，但偶尔仍会有人在股票市场上发财。过去发生的事情没有一件是不可想象的。正如老话所说，"太阳底下无新事"。这意味着，无论是人际关系、股票市场，还是涉及整个地球的历史，没有人真的比其他人更有资格自信地指出，*这一次事情有所不同，从现在开始，事情不会再"和以前一样了"*。何为重要？何为平庸？什么会盛行？什么会消逝？谁也说不准。你可以阅读马克思和恩格斯的《共产党宣言》（*Communist Manifesto*），或儒勒·凡尔纳（Jules Verne）的《海底两万里》（*Twenty Thousand Leagues Under the Sea*），或阿尔文·托夫勒（Alvin Toffler）的《未来的冲击》（*Future Shock*），惊叹于他们"预见"的东西与现代世界某些方面的惊人相似。但他们对未来的预测也常常会出错，有时，这些错误也很有趣。1982年的电影《银翼杀手》描绘了一个拥有飞行汽车、外星殖民和（……等等……）*台式电风扇*的2019年！

然而，每当原本平滑、可预测、井然有序的时间流出现断裂时，我们就会对未来产生疑问。正因为技术往往会引发炒作，所以每个新突破都会产生新的诱惑，迫使我们去思考它诱人的可能性。实际上，每一项重大的新技术都隐含着一个问题——*这会是下一件决定性大事件吗？*

这就是我们要在本书中思考的问题。人工智能，或简称 AI，在过去七年中引发了大量的炒作。它是否如吹嘘的那样能引发重大变革？它会在哪些方面引发变革？它引发的变革是*正向*的吗？对于人工智能，这些问题似乎尤为棘手。一方面，正如杰米·萨斯坎德（Jamie Susskind）所言："我们仍然没有可以信任的机器人来为我们理发。"[2]另一方面，理查德·萨斯坎德（Richard Susskind）和丹尼尔·萨斯坎德（Daniel Susskind）描述了一个美国外科医生团队，他们在美国远程切除了一位法国女性的胆囊！[3]

然而，与这些问题同样重要的是那些影响我们*公民*的问题。作为公民，我们需要了解这项技术的哪些方面？作为顾客、租户、房东、学生、教育工作者、患者、客户、监狱罪犯、少数族裔、性少数群体等，它可能会对我们产生什么影响？

### 人类与机器

首先，我们必须了解何为人工智能，它既是一个领域也是一种技术。第一章将更详细地讨论这个问题，但在一开始先说说人工智能希望达到什么目标以及目前的进展如何，还是很有帮助的。

人工智能种类繁多。近年来炒得最热的当数"机器学习"。机器学习算法最普遍的用途是预测。每当需要对某人的未来行动或行为进行精准预估时，如法官需要预测一个被定罪的罪犯是否会再次犯罪，银行经理需要判定贷款申请人的还贷能力，都可能会用到计算机算法。事实上，在自由民主社会中，许多强制权力机关*需要*在行使权力前评估风险。[4]不仅刑事司法领域如此，公共卫生、教育和福利等领域也是如此。现在，如何更好地完成这项任务？长期以来*唯一*的方法是依靠所谓的"专业"或"临床"

判断。这涉及让某一领域经验丰富的人（如法官、心理学家或外科医生）大胆预测未来可能发生的事情（这个罪犯会重新犯罪吗？这个患者旧病复发的概率有多大？等等）。专业判断基本上是经过训练的直觉。但另一种做这种猜测游戏的方法是使用一种更正式、更有条理、更严谨的方法，通常要运用统计学知识。在福利决策方面，一个非常简单的统计方法可能只是调查以前的失业救济金领取者，询问他们花了多长时间才找到工作。然后，决策者可以利用这些调查结果来改进他们对平均福利依赖性的估计，并相应地调整福利决策。但问题就在这里。毫无疑问，有些人的直觉非常好，并且通过多年的临床实践变得十分灵敏。但研究表明，*总体而言*，直觉明显次于统计（或有统计根据的）预测方法。[5]现在来看看下一代机器学习算法。请注意，机器学习的这种应用并不完全是新鲜事物，今天吸引媒体关注的一些预测风险技术在 20 世纪 90 年代末就已开始使用。事实上，其前身可以追溯到几十年甚至几个世纪前，这一点之后会进一步讨论。但是，在过去的二十年里，计算的速度和算力以及数据的可用性都有极大的提高。（这就是为什么称之为"大数据"！）

　　相比于人类以及其经验磨炼的直觉，关于算法和统计的相对表现，值得讨论的还有很多。可以说有些时候，在特定情况下，人类的直觉被证明优于算法。[6]不过我们目前认为，总的来说，算法*可以*使许多常规预测更不容易受到特异性扭曲的影响，因此比没有辅助的人类直觉更加公平。不管怎样，这就是人工智能和先进机器学习的前景。

　　再来看一下这项技术的另一项应用。目标分类（object classification）顾名思义，就是将某物的一个实例分配到一个特定的事物类别中。当你认出远处四条腿的毛茸茸的动物是一只猫或一只狗时，你就在这样做；你把面前的猫的实例分配到"猫"类，而不是"犬"类、"车"类或"直升机"类。至少在正常观测下，我们人类能极其迅速、毫不费力、准确地做到这一点。关于人类如何进行目标分类，还有一点值得一提，那就是我们倾向于*优雅地*分类，认知和计算机科学家有时将之称为"优雅降级"（graceful degradation）。也就是说，当我们在分类物体出错时，我们往往会差点错过目标，还不能完全识别物体。例如，在能见度很差时，我们很容易把牛错当成马，把拖拉机错当成马车。但是，有哪个正常人曾把马误认为飞机，把马车误认为人？不太可能。我们的猜测一般都是合理的。

那么机器学习又是如何进行目标分类的？其分类对错参半。将人类的分类失败与机器学习系统的分类失败进行比较是十分有趣的。如果对哈士奇不熟悉，我们很容易错误地将其归类为狼，那么是什么导致了这一错误分类？据推测，人类会把注意力集中在眼睛、耳朵和鼻子等地方，然后得出结论："是的，那是一匹狼。"不过也许令人惊讶的是，人工智能系统在得出同样的结论时，并非也是通过这种看似非常合理的途径来进行错误分类。人工智能可以很容易地关注*背景*图像的形状，也就是从照片上减去哈士奇的脸后留下的残余图像。如果背景中有大量的雪，人工智能可能会得出"这是一匹狼"的结论；如果没有雪，它可能会得出其他结论。[7]你或许会认为这种对犬类进行分类的方法很奇怪，但如果在训练算法时，上万张有狼的图片里背景都有雪，而大部分哈士奇的图片却没有雪，那么这种奇怪的判别方法就肯定会为人工智能所采纳。

如果用于预测某人是否有资格领取失业救济金或是否会再次犯罪的技术与通过识别背景有没有雪来判定一只犬是哈士奇还是狼的分类器相同，那么就有问题了。事实上，会产生以下几个问题。

一是统计学家所说的"选择"或"抽样"偏差。上面的分类器存在一个偏差，即它的训练样本中有太多狼在雪地的图像。狼的图像越多样，训练集越好！类似地，一个以白人男性为训练对象的人脸识别系统很难识别出黑人或亚洲女性的脸。[8]我们将在第 3 章再次讨论偏差问题。

另一个问题便是，通常很难解释为什么人工智能会这样"决策"。要弄清楚分类器为何会将注意力聚焦在物体周围的雪地上，而不是物体本身，这很棘手。我们将在第 2 章讨论算法的"透明性"和"可解释性"。

另一个问题是伤害责任和潜在的法律*责任*。如果自动驾驶汽车上安装有这种分类器会怎样？如果有一天，这辆车撞上了一个孩子，以为他是一棵树，那谁来负责？车辆的机器学习系统可能已经学会了自主地对这些对象进行分类，而无须任何人（甚至是开发者）对其进行*精确*编程。当然，开发者责无旁贷。他们会管理机器的训练数据，并且我们由衷希望能确保训练数据收录许多诸如儿童和树这样重要类别的例子。从这种程度而言，开发者将*引*导机器学习系统走向特定行为。但是，开发人员是否应该*总是*对错误分类负责呢？是否有必要让*算法*对其造成的伤害负责或承担法律责任？我们将在第 4 章讨论这些问题。

　　然后是控制问题。当时间有限且法院系统落后，而法官却要处理一长串保释申请时，机器学习工具的"客观"和统计学上的"精确"建议可以为他们节约大量时间，如果他们只是简单地接受这些建议，会发生什么情况？在这种情况下，法官是否会开始不加批判地听从该设备的建议，而忽略自身对该工具建议的合理怀疑？毕竟，即便这些系统经常表现出色，甚至可能做得比人类更好，也仍然远远称不上完美。而且，正如我们看到的那样，它们犯错时，犯错的方式和理由也很奇怪。我们将在第 5 章讨论控制问题。

　　下一个重大问题是数据隐私。所有的训练数据从何而来？开始是谁的数据？他们是否同意其数据被用于训练私人算法？2020 年的 COVID-19 大大提高了这些问题的风险。在本书付梓之际，世界各国政府正在考虑或实施各种生物监控措施，使其能够利用手机数据追踪人们的行动和联系人。这对危机管理来说很好，但危机结束后怎么办？经验表明，如有需要，政府可以迅速有效地扩大安全和监控规模（如"9·11"事件后所做的那样）。但是，正如"监控蠕动"（surveillance creep）一词所暗示的那样，它们的逆转并没有以同样的速度进行。第 6 章将深入探讨数据保护问题。

　　最后一个问题，也许是最重要的一个问题，涉及长期使用这样的系统对人类自主性和能动性的影响。我们将在第 7 章中研究这些影响，但现在值得对这个话题稍加讨论，因为有很多问题需要思考，而且从一开始就澄清一些问题也是有益的。

　　近年来，困扰人工智能界的一个话题是越来越复杂的人工智能对人类尊严的影响。"人类尊严"一词不容易定义，它似乎是指人类生命的*意义或价值*。问题在于，先进的人工智能系统是否在某种程度上降低了人类生命价值。机器有朝一日可以复制甚至超越人类智慧创造的最独特的产品，这让人想到人类生命不再特殊。我们该如何看待这种担忧呢？

正如目标分类器的例子所示，机器学习工具，即使是相当复杂的工具，其"思考"方式也与人类不同。因此，如果借鉴目标分类器的例子，那么可以得出结论，即便机器能以不同方式来完成人类*所做之事*，其完成*方式*也难以与人类媲美。众所周知，这种状态在未来可能会改变。但从今天的技术优势来看，未来似乎还很遥远。这应该足以慰藉那些关心人类尊严的人。

但这就够了吗？你可能会认为，就算机器可以做人类自己引以为豪的事情，就算它们能以不同方式完成同样的壮举，又有什么关系呢？毕竟，重要的不是捕鼠器*如何*工作，而是*能否*抓到老鼠，难道不是吗？也许飞机不能像老鹰那样优雅地飞行，但这又有什么关系呢？难道一架飞机需要飞得像一只鸽子，以至于让其他鸽子误以为它是同类，我们才能说它会"飞"吗？[9]并不是。因此，我再重复一遍，如果人工智能可以匹敌甚至超越人类最引以为豪的成就，即便是通过其他方式（就像飞机可以在不使用羽毛的情况下与鸟类飞行相媲美），人类的尊严会因此而降低吗？

我们并不这么认为。几十年来，人类的计算能力一直落后于简陋的计算器，然而没有人会因此而严重怀疑人类的生命价值。即使机器学习系统开始比人类更可靠地对目标进行分类（可能比人类可靠得多），为什么这就会贬低人类生命的价值？飞机会飞，我们也不会因此而看轻鸟类。

哲学家卢西亚诺·弗洛里迪（Luciano Floridi）提醒我们历史上还有其他一些发现也可能会削弱人类尊严，或者说人们担心会削弱人类尊严。他指出，尼古拉·哥白尼（Nicolaus Copernicus）、查尔斯·达尔文（Charles Darwin）、西格蒙德·弗洛伊德（Sigmund Freud）和艾伦·图灵（Alan Turing）以各自的方式将人类从想象中的普遍中心地位上拉下来，从而颠覆了盛行已久的"人类中心主义"的自然观。[10]哥白尼表明，我们不在宇宙的中心；达尔文表明，我们不在生物圈的中心；弗洛伊德表明，我们不在精神世界或"理性空间"的中心（换句话说，我们可以从未知的、内省的、不透明的动机出发行事）；而图灵表明，我们不在信息圈的中心。这些层层打击并不容易接受，前两次尤其受到猛烈抵抗（第二次激烈程度与第一次相当）。然而，尽管这些发现震惊世界，但却*没有证明人类尊严的概念本身是不连贯的*。当然，如果人的尊严意味着"中心"，确实可以说人的尊严受到了这些事件的威胁。但是尊严和中心地位并不相同。一个物体不一定要在画面中心，才能吸引我们的注意力或引起赞叹。

还有一个理由能够解释，为什么尽管在可预见的未来，机器可以在人类自己的游戏中击败人类，但人类的尊严很可能不会受其影响。目前人工智能的重大进展都是*针对特定领域的*。无论是击败国际象棋冠军的系统，还是辅助证券交易所业务的系统，近年来人工智能领域所取得的每项巨大成就都发生在非常细分的领域（如国际象棋、股票交易等等）。人类的智慧并非如此，它具有*领域通用性*。我们下棋的能力并不妨碍打网球、写歌或烤馅饼的能力。只要愿意，大多数人都可以做这些事情。事实上，许多研究人员将破解领域通用性的密码视为人工智能研究的圣杯。究竟是什么让人类的思想和身体能够如此顺利地适应这些不同的任务要求？计算机似乎确实能轻松完成人类觉得困难的任务（试着快速计算 5 749 987 × 9 220 866）。但是它们似乎也在我们大多数人认为非常容易的事情上遇到了惊人的困难，如开门、从盒子里倒麦片等等。甚至对机器来说，能够进行一次不那么生硬刻板的对话也非常困难。当要求室友在回家路上买一些牛奶时，我们知道这意味着他要去街角的商店买这些牛奶，然后带回家。对计算机来说，我们需要对其进行编程，进而从简单的算法角度而*不是*从字面意思来解释这个指令，例如在当前位置和家之间的某个地方找到牛奶；找到后，抬高牛奶相对于地面的位置；然后将牛奶恢复到原始位置。第一种（并且显然是合理的）解释需要对语言和环境线索进行微妙的整合，而我们在大多数时候都能毫不费力地处理这些线索（语言学家把交流的这方面称为"语用学"）。机器却不是这样的。计算机可以很好地处理语法，但在语用方面仍然力不能及，尽管语用学是计算语言学家积极探索的研究领域。

意识也是如此。目前所有现有的人工智能都是无意识的，而且没有人知道空洞的物质过程中如何或为何能产生意识。人类是如何从一组蛋白质、盐和水中拥有生命感和内在"想法"的？为什么任何感性的东西都必须伴随着物质？为什么不能像僵尸一样神灭而肉身不死？这方面有很多相关理论，但仍无法弄清楚意识的确切特征。虽然一些科幻电影讲述了我们对机器人拥有意识的恐惧，但目前尚未有人像 2015 年上映的电影《机械姬》（*Ex Machina*）中的内森·贝特曼（Nathan Bateman）一样，创造出具有独立思考能力的机器人艾娃（Ava）。

因此，只要复杂的人工智能发明创造仅限于特定领域和无意识的系统，我们就不需要太担心人类的尊严。这并非意味着特定领域的系统是无害的，不会因为*其他*因素对人类尊严构成威胁，这些因素与人工智能在一局国际象棋中击败人类的能力无关。致命性自主武器系统显然伴随着最严重的危险。新的数据收集和监控软件也对隐私和人权构成了重大挑战。也不是说特定领域的技术不能改变人类对自己的看法。显然，诸如谷歌 DeepMind 的阿尔法狗（AlphaGo）——它一举击败了人类围棋世界冠军——这样的系统，必然会在某种程度上改变人类对自己的看法。正如序言开头所指出，这些系统有理由让人类既自豪又谦卑。唯一要指出的是，人类的尊严不可能仅仅因为一些可以匹敌甚至超越人类的成就而受到损害。

### 人工智能理性吗？

还有几个与人工智能相关的问题没有提及，也不会在本书中进行探讨。我们已经挑出了我们认为最有趣的一些问题。不过我们还是想简单提及另一个问题——我们称之为机器学习的*理性*。事实上，许多机器学习技术旨在发现数据中隐藏的关系，而人类自身通常很难发现这些关系。也就是说，它们的整个工作方式是寻找数据中的*相关性*。可以肯定的是，相关性是一种合理的知识来源，但正如我们大多数人在高中时学到的：*相关性不等于因果关系*。两个时钟可能总是在每天的同一时间敲响 12 点，但从任何意义上说，一个时钟的敲响都不会导致另一个时钟的敲响。然而，尽管并非因果关系，但只要相关关系可靠，也就是技术术语中的"统计学上显著"，就可以为世界提供可操作的见解。例如，人们可能会发现，优先考虑抗阻力训练的人往往会做出特殊的营养选择，总体上比那些优先考虑有氧运动的人吃更多的肉和乳制品。即便运动类型的选择与食物类型的选择之间严格来讲不存在因果关系，如一家健身俱乐部在决定在其健康月刊上刊登什么样的食谱时，也可以合理地采用这样的见解。也许某些负重训练者个人更喜欢植物蛋白，但从群体角度而言，负重训练者更容易摄入动物蛋白。

但在这一点上，你可能会想：尽管这些相关关系可靠，但如果这些相关性看起来很奇怪呢？如果一个算法发现鞋码小的人吃特定类型的早餐麦片，或者有某种头发颜色的人比其他人更容易付诸暴力，那会怎样？当然，这种关系可能只是由于质量差或训练数据不够多而产生的偶然结果。暂且不谈这一忧虑。诚然，一个发现奇怪关联的机器学习系统很可能是以统计学家和数据科学家熟悉的方式得到了错误的训练。但是，"统计学上显著"的相关性的全部意义在于，它说明了这种可能性，进而需要我们从理论上将其排除。

请注意，这些例子并不完全是虚构的。无监督机器学习的好处之一（见第 1 章）是，它可以检测出我们自己从未想过的各种关联性。但在英国法律中，如果一名公职人员根据这些明显错误的相关关系来决策，那么该决策将被撤销。格林勋爵（Lord Greene）曾在一段为英国和英联邦律师所熟知的话中说，一名官员

> 不能去考虑那些与他必须考虑的问题无关的事项。……同样，也可能有一些非常荒谬的事情，以至于任何明智的人都无法想象它属于当局的权力范围。沃林顿（L. J. Warrington）……举了一个红发教师

的例子，她因为自己的红头发而被解雇。……这是非常不合理的，几乎可以被描述为恶意的行为。[11]

但是，我们怀疑，随着机器学习在公共和私人决策领域的稳步推进，*这类相关关系*可能会激增：如果是人类在背后操纵，这些相关关系似乎站不住脚、不合逻辑，甚至充满恶意。明确来讲，我们并不是说这种相关关系无法解释，我们愿意打赌，在许多情况下，对它们的正确解释会很快出现。但是，在此期间，或者如果它们最终*无法凭直觉解释*，我们该怎么做呢？想象一下，一个算法发现，喜欢茴香的人更有可能拖欠贷款，据此，是否就有理由不给喜欢茴香的人提供贷款？上次我们审查时，"喜欢茴香"并不归于反歧视法所保护的歧视范围，但*应该*纳入吗？因为某人对茴香有兴趣而拒绝向其提供贷款，这当然*看起来*是一种歧视："喜欢茴香"很可能是一个由基因决定的特征，而且这个特征似乎与偿还债务无关。但是，如果它不是无关的呢？如果它真的有什么作用呢？

在这些和其他方面，机器学习正在对固有的思维方式提出新的挑战。

## 公民与权力

因此，如果 21 世纪人工智能带来的最大挑战不是有意识的机器人种族的崛起，那么作为作者，我们的任务就是编写一本政治性而非技术性的书。我们将只涉及阐释政治问题所需的技术背景（见第 1 章）。

当然，一本有政治倾向的书，如果不对它所诊断的问题提供一些建议，就不能说是非常有用的。我们的建议将贯穿始终，但直到第 10 章，我们才会更详细地讨论监管的可能性。早在 1970 年，美国未来学家阿尔文·托夫勒（Alvin Toffler）就写道，需要设立一个技术监察员，"一个负责接收、调查和处理与不负责任的技术应用有关的投诉的公共机构"。[12]实际上，他是在呼吁建立"一种用于检查机器的机制"。[13]那是 1970 年，当时只有最敏锐的观察者（如托夫勒本人）才能捕捉到某些最微弱的声音。今天，迫切需要采取各种形式的监管措施，现在才开始考虑这些其实已经太晚了。在未经监管的社交媒体环境中孵化出来的公共话语充满暴戾和毒性，已导致当今时代问题丛生。所以今天我们需要比 1970 年时进行更大胆的思考。事实上，COVID-19 已经让人们看清了一件事：有些挑战可能需要采取更激烈的干预措施，这预示着对国家和公民之间关系的新的理解。

# 目 录

# 1

# 什么是人工智能？

　　现在来看，我们最好将人工智能视为计算机科学中一个专门的分支。但是在历史上，人工智能和计算机科学的边界实际上并不那么清晰。计算机科学史和人工智能史紧密相连。当艾伦·图灵于 1936 年发明了通用计算机（在纸面上！），很明显，他正在思考怎样模仿人类做一些聪明之事，即思考一种特定的数学运算。图灵也是最早推测其发明的机器能更加广泛用于再现类人智能的人之一。就此而言，图灵既是计算机科学之父，也是人工智能之父。不过，其他计算机先驱者也从人类角度（实际上是拟人化）思考计算机。比如约翰·冯·诺依曼（John von Neumann）在 1945 年发表的一篇著名文章中介绍了当代计算机仍在使用的计算机结构，他使用心理学术语"记忆"指代计算机存储单元。

　　在一定意义上，我们仍可认为计算机在其常规运行中表现出了"智能"。它们以无数种方式将简单的逻辑操作链接起来，执行着一系列不同凡响、令人赞叹的任务。但是现在人工智能显然已经成为计算机科学的分支了。随着人工智能与计算机科学的发展，人工智能更多关注于人类所擅长的工作。人工智能有一个著名的定义：人工智能就是研究如何使计算机去做过去*只有人才能做*的智能工作。[1]当然，这绝非易事。前言中指出，计算机对许多我们觉得异常艰难的工作尤其拿手，如一瞬间解出一个复杂的数学方程式；而对于那些我们觉得轻而易举的工作，如行走、开门和对话等，计算机却往往表现得很差。

以人为中心的人工智能定义十分有用，但这需要稍加更新。诚然，当代人工智能的很多核心应用都可以再现包括语言、感知、推理以及运动控制等人类能力。就此而言，人工智能的含义包括"按照我们的形象"制造计算机。但如今，人工智能系统也被用于许多其他更加晦涩难解的领域，并且可以完成规模或速度远超人类能力的任务，比如应用于高频股票交易、互联网搜索引擎以及社交媒体网站运营等。事实上，将现代大规模人工智能系统视为兼具弱人工智能与超人工智能是很有用的。

显然，人工智能的历史远不止上述这些，但足以让读者入门，也足以抓住本书重点。本书将聚焦于当今最有影响力的人工智能方法，即机器学习。我们将机器学习描述为人工智能的一种"方法"，因为它与任何特定的任务或应用无关，而是包含*一系列*用于解决所有人工智能问题的*技术*。例如，机器学习已在自然语言处理、语音识别和计算机视觉等领域取得一定成效。

顾名思义，机器学习就是利用计算机的强大功能以及现有的大数据（得益于互联网），使计算机能够*自主学习*。通常情况下，计算机学习的是数据模式。从现在开始，除非上下文另有说明，否则我们提到的人工智能就是指机器学习。

本章其余部分将展开介绍一些可能自高中代数课之后就没有涉及过的概念。一些读者可能从来就没有接触过这些概念。在这里，我们想到了数学中"函数"、"参数"和"变量"这样的概念。这些术语有时会出现在日常讲话中，但是它们在数学和计算机科学中却有着特定含义。根据读者需要，当遇到这些术语时我们会介绍其定义，尽最大努力解释其要义。如果读者觉得这些解释肤浅或令人不满，也请放心，因为本书并不会涉及太多细节，你所需知道的只是要点。因此，如果读者对数学感到厌烦，就请跳过本章，继续阅读本书其余章节。如果对一些内容没有完全理解，很有可能这些内容并不重要。重申一遍，本书以政治目的为主，不涉及过多技术性的内容。

顺便提一句，你可以从本书的任何部分开始阅读——每一章都可以单独阅读，而不必先阅读其他的章节。如果我们认为某些部分可以与其他章节关联阅读，将回溯到（或前瞻）该章节。

## 机器学习与预测

本书将重点关注一类特定的机器学习技术——"预测模型"。这一关注点虽然并不包括所有的机器学习模型，但确实涵盖了当前"人工智能革命"的核心技术，这些技术正在对工业和政府造成重大冲击。重要的是，它还包括已在工业和政府中使用了数十年的系统——在某些情况下，这些系统的使用时间甚至更长。媒体却往往将人工智能描述为一种新生事物，最近才突然开始影响公共生活。当我们介绍人工智能时，想强调的是，事实上，当前影响公共生活的人工智能模型只是私营和公共部门长期使用的统计方法的*持续升级版*。在政府及商业领域中进行统计建模由来已久，而历史上这些领域应用过的统计模型其实与当前流行的预测性人工智能模型存在许多相通之处。聚焦处于现代人工智能核心的预测模型将有利于突出上述共性。

聚焦预测模型也将帮助理解政府部门使用的人工智能模型与现代商业环境中使用的模型，二者在技术上非常相似。例如，财政部用于追捕逃税者的模型，或司法部门用于评估被告重新犯罪风险的模型，与亚马逊（Amazon）用于推荐顾客可能感兴趣的书籍以及谷歌用于投送广告的模型是同一*类型*。最后一章在考虑如何监管政府和企业中的人工智能技术时，如果我们能认识到这两个领域中受到审查的技术方法十分相似，将对监管起到帮助作用。由于政府和企业的社会功能截然不同，对其人工智能模型使用的监管可能看起来迥然相异。但在这两个领域，作为监管*对象*的模型基本上是相同的。

## 预测模型的基础知识

首先简要概述一下什么是预测模型。预测模型是一种数学程序，基于一个或多个*已知变量*对某个*未知变量*的值进行预测。"变量"可以是世界上任何可测量的对象。例如，预测模型可以根据一个人的身高来预测其体重。如果由于某种原因，我们可以很容易得到人们的身高信息，但却得不到他们的体重信息（而我们却对他们的体重*感兴趣*），那么这种模型就很有用。

需注意，预测模型不一定要预测未来发生的事情。未知变量可能与当前有关，甚至可能与过去有关。关键是我们需要猜测它，而无法直接测量它[在这里，"猜测"（guess）这个词可能比"预测"（predict）更中肯]。因此，我们可以把预测模型定义为一种工具，它可以根据一组输入变量对某些结果变量进行推测。

要建立一个预测模型，关键要素在于已知结果变量和输入变量的案例*训练集*。在上面的例子中，训练集是样本人群的身高和体重测量值。人们的身高和体重之间存在着一种（松散的）关系。训练集提供了关于这种关系的信息。预测模型使用这些信息来计算得出关于身高和体重之间关系的一般假设，从而根据个体身高来推测其体重。训练集实质上是一个关于已知案例事实的数据库。这个数据库越大，提供的关于结果变量的信息就越多。我们将把它作为"预测模型"定义的一部分，即预测模型是通过某种训练过程从训练数据中得到的。

## 预测模型简史

几个世纪以来，人们都在使用一种数学方法，即通过查阅已知事实的数据库来推测未知变量。该数学方法首次被正式应用的领域是保险业，著名的早期案例是劳埃德船级社（Lloyd's Register of Shipping）。该公司成立于 1688 年，旨在评估航运企业的潜在风险。[2]我们对预测模型的调查将从稍后的公平人寿保险公司（Equitable Life Insurance Company）开始，该公司成立于 1762 年，是第一家系统地使用数据进行预测的公司。[3]

最早与政府数据有关的预测模型也出现在这个时期。例如，在 18 世纪 40 年代，德国统计学家约翰·苏斯米希（Johann Süssmilch）利用教堂记录的数据设计了一个模型，该模型系统地利用特定地区的土地供应情况来预测结婚年龄和结婚率（以及通过这些预测出生率）。[4]自古以来，政府一直在维护公民信息数据库，主要目的是评估其纳税义务。随着预测模型科学的发展，这些数据库可重新用于政府其他职能，特别是那些与财务规划有关的职能。英国政府在 19 世纪 30 年代雇用了第一位官方精算师以负责海军养老金规划，折算成现在的货币，可以认为他为政府节省了数亿英镑的资金。[5]在当时，政府使用的预测模型已经与商业中使用的模型极其相似，这一趋势一直持续到今天。

起初，开发预测模型涉及使用编写好的账本中的数据进行手动计算。计算机可以在两方面提供帮助：一是便于存储大量数据，二是可以自动执行计算。现在，预测模型通常是通过计算机程序来实现的，这些程序会调取计算机内存中的数据库进行计算。

计算机甫一问世，由于成本高昂，能用得起的只有政府和大型企业。几乎在其发明之初，公司和政府就开始开发基于计算机的预测模型。例如，美国政府在 20 世纪 40 年代用计算机预测导弹弹道[6]，在 20 世纪 50 年代预测天气[7]，在 20 世纪 60 年代预测军事人员是否适合执行任务。[8]在产业领域，专门预测信用风险的美国个人消费信用评估公司（FICO），在 1958 年构建了其首个计算机风险分数模型。

我们将首先介绍一些较早的预测统计模型，然后展示人工智能模型如何扩展和不同于这些模型，从而介绍现代预测性人工智能系统。

## 精 算 表

公平人寿保险公司为保险业做出了新的贡献，它制作了一个表格，以展示每个年龄段的人在该年龄段死亡的概率（基于现有的死亡率统计数据），并计算该年龄段的相关保险费。这种表格后来被称为"精算表"。根据定义，这种古老的保险实践是一种预测模型。输入变量是"年龄"，结果变量是"死亡概率"，训练数据是用于编制表格的死亡率统计数据。精算表的创新之处在于它*系统地*列出了每个可能的输入变量在给定范围内的结果变量。

随着精算学的发展，人们开发出了更复杂的表格，它考虑到除年龄以外的其他因素，从而可以做出更精准的预测，收取更准确的保险费。这些表格建立了更复杂的预测模型，有更多的输入变量。

## 预测模型的几何方法

精算表的一个缺点是，它们把年龄当作离散变量，然后分别计算每个年龄段的概率，而不考虑它们彼此的关系。但是，年龄是连续变化的，而死亡概率作为年龄的一个*函数*也是平稳变化的。函数是输入和输出变量之间的一种特殊关系。这种关系的特殊之处在于，输出变量的值*依靠并取决*于输入变量的值。在我们前面的例子中，身高和体重就是这种特殊的关系。你的体重"数值"，即你的体重是多少，（部分）依靠并取决于你的身高。你的身高越高，体重就越大。在现实世界中，科学家感兴趣的许多变量都以这种方式相关。用技术术语来说，我们说这些变量之间的关系*定义*了一个函数。正如高中课本中所写，这些关系可以在著名的笛卡儿平面上被绘制成曲线图。也就是说，我们可以从*几何学*的角度把函数看作是具有不同形状的曲线。

实际上，从几何的角度思考*概率*很有用。例如，我们可以定义一个数学函数，将图中横轴表示的变量"年龄"映射到纵轴表示的"死亡概率"上，如图 1.1 所示。这个想法由 19 世纪的精算师本杰明·贡培兹（Benjamin Gompertz）首创，他发现死亡概率可以很准确地用一个简单的数学函数建模。重要的是，这个函数是*连续*的，没有中断。对于图 1.1 中的任何年龄，理论上甚至包括非常精确的年龄（如 7.78955 岁），我们都可以找到相应的死亡概率。使用精算表很难做到这一点，因为如果把年龄精确到小数点后三位或四位的话，年龄递增就很细微，所以很难推算出相应的死亡概率。

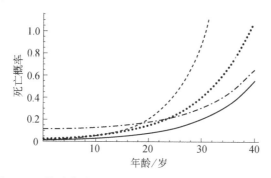

图 1.1　贡培兹曲线：将年龄映射到死亡概率的数学函数

　　请注意，图 1.1 中有多条曲线。和许多数学函数一样，贡培兹的函数有各种可调整参数。该图中的四条曲线显示了具有不同参数值集的同一函数。你可能还记得高中时讲过，对于同一个函数 $y=2x^2$，如果 $x^2$ 的前面不是 2，而是 4，那么图形上的结果就会不同。在这里，2 和 4 被称为"参数"，但无论参数是什么（即无论 $a$ 的值是什么），基础函数 $y=ax^2$ 始终是同一个函数。在这种新的几何预测方法中，不像在创建精算表时那样，我们不使用训练数据来估计单独的概率。相反，我们使用数据来寻找最"拟合"数据的函数参数。如果我们用一个"可参数化"的函数来建构死亡率，那么就可以用训练集来寻找参数值，使该函数最接近关于死亡率的已知事实。当然，我们必须首先选择一个适合为数据建模的可参数化函数。但在做出这个选择后，寻找最拟合数据的参数的过程可以通过各种方式自动进行。在这个范式中，预测模型只是一个数学函数，有某些指定的参数值。

　　将一个函数拟合到给定的训练数据集上的一种特别有影响力的方法是，*回归法*，这种方法最早出现于 19 世纪。

## 回　归　模　型

　　以前面提到的身高和体重之间的"松散"关系为例，为了量化这种关系，我们可以收集一组已知的身高-体重对，作为"训练集"来构建身高映射到体重的模型。图 1.2 显示了一个训练集的例子，它是二维平面上的一组数据点，其中横轴代表身高，纵轴代表体重。

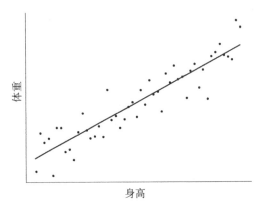

图 1.2    身高和体重关系函数：通过对黑色数据点的线性回归习得

重要的是，在将训练集表示为图形中的点之后，我们可以"学习"一个数学函数，将*每一个可能的身高*映射到体重上，如图 1.2 中的线所示（训练点包括"噪点"，即与体重有关但不包括在模型中的混杂因素）。这条线甚至对不包括在训练集中的身高也给出了答案，因此可以用来估计那些与训练集不完全相同的人的体重。请注意，许多训练点并没有被这条线穿过。（它可能根本不经过任何一个点！）在有噪点的情况下，我们必须做出一个"最佳推测"。

假设我们决定用一条直线来拟合数据，可以在图 1.2 中的图形上画出各种各样的直线，但其中哪条直线最能准确地代表数据点呢？回答这个问题就相当于找到最拟合训练点的线性函数的参数。线性回归是一种在估计训练点时，寻找能使直线"误差"最小化的参数值的方法。回归技术需要一系列训练点，并为我们的函数提供最佳参数值。然后，我们可以把这个函数作为一般预测模型，也就是我们所关注的那种预测模型，只要给定身高数据，就能预测出对应的体重。

## 现代回归模型

回归是现代统计建模的一项关键技术。上面概述的基本方法已经以多种不同的方式得到了扩展。例如，线性回归模型可以包含许多变量，而不仅仅是两个。例如，如果正好有三个变量，数据点可以在一个三维空间中可视化，而回归可以理解为确定一个最能拟合这些点的三维*平面*。此外，回归模型的建模者可以自由决定拟合训练数据点的函数应该有多*复杂*。在图 1.2 中，函数是一条直线，但我们也可以允许函数是一条有不同"曲度"的曲线，或者在三维及以上的空间中，是一个有不同"坡度"的平面。

回归技术也可以用来模拟*离散*而非连续变量之间的关系（离散变量的一个例子是抛硬币：此时只有两种可能性，与身高或体重的连续可能性不同）。这是用"逻辑回归"模型完成的，它对分类任务很有用（我们将在下面讨论决策树时详细介绍分类问题）。最后，有许多回归模型专门用于特定的任务。在政府应用中，一个重要的类型是"生存分析"，它是一种估计在某些感兴趣事件发生之前可能经过的时间的方法。这些方法最初应用于药物试验，其中"感兴趣事件"是患者在接受某种疗法后死亡。但该方法也多应用于政府或商业规划中，用来预测某些事件未来在不同人或群体中何时会发生。再次说明，政府和行业使用的是同一种回归方法。

我们还应该注意到，回归模型并非一定*要*指导具体行动和实践。使用它的科学家往往只是对说明某些领域变量之间的关系感兴趣。例如，一位科学家可能希望将"身高和体重之间有关系"作为一个经验性发现。与回归有关的方法可以用来量化这种关系的强度。

现在我们将介绍两种新型机器学习技术，它们通常与人工智能领域有关：决策树（decision tree）和神经网络（neural network）。这两种技术都注重学习过程，这使得它们区别于回归建模，后者的重点是将数学模型与数据进行拟合。

# 决 策 树

决策树是一种相当简单的机器学习方法，经常用来介绍机器学习模型。它们的起源可以追溯到 20 世纪 30 年代，但直到 80 年代中期才开始流行。[9]决策树是一组指令，通过逐一测试输入变量的属性来推测某个结果变量的值。图 1.3 展示了一个刑事司法领域的虚构例子。这个决策树提供了一种方法，可以根据可保释囚犯在狱中是否表现良好以及是否有暴力犯罪（两个虚拟输入变量）来推测其是否会重新犯罪（结果变量）。

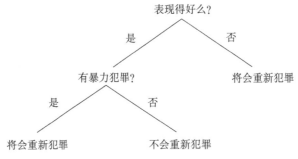

图 1.3　预测囚犯重新犯罪的简单决策树

这棵决策树指出，不管囚犯罪行是否与暴力有关，如果狱中表现不好，他们都会重新犯罪。如果囚犯狱中表现良好且原来的罪行与暴力相关，他们也会重新犯罪；如果表现良好同时未犯暴力罪行，他们就不会重新犯罪。（我们用这个粗略的例子来说明这一点，但在现实生活中，更多变量会被纳入考量。）

决策树建模的关键任务是设计一种算法，从给定的训练数据中*创建*一棵好的决策树。*在经典算法中，我们从顶部开始逐步建立决策树。在树上的每个节点，我们找到能够提供关于训练集中结果变量最多"信息"的输入变量，并在该点添加一个节点以测试该变量。

决策树一个吸引人的特点是，达成决策的程序可以很容易为人类理

---

　　* 例如，你可以想象，什么样的数据会导致一个算法创建图 1.3 中的决策树：关于良好行为、暴力事件等的数据。

解。从根本上说，决策树只是一个复杂的"如果-那么"语句。对于做出重要决策的机器学习系统来说，可理解性是一个重要的属性。然而，现代决策树模型通常使用多个决策树，包含一系列不同的决策程序，并对达成的决策进行汇总。目前这类模型的主流是"随机森林"。由于各种原因，这些综合方法更准确。然而，我们经常要在机器学习系统的可解释性和预测性能之间进行权衡。

决策树为介绍"分类器"概念提供了较好的机会，机器学习广泛使用这一概念。分类器只是一个允许结果变量为离散值的预测模型。这些离散值代表了不同类别，使输入项可以归到其中。决策树必须基于离散变量进行操作，以便轻松实现分类器功能。我们的重新犯罪决策树可以被理解为一个分类器，它将罪犯分为两类："会重新犯罪"和"不会重新犯罪"。为了用回归技术完成分类器功能，我们必须使用逻辑回归模型，它是专门用来处理离散结果变量的。

## 神 经 网 络

神经网络（有时被称为"联结主义"网络）是一种机器学习技术，其灵感来自大脑的计算方式。1958 年，弗兰克·罗森布拉特（Frank Rosenblatt）开发出第一个神经网络[10]，其借鉴了唐纳德·赫布（Donald Hebb）在 20 世纪 40 年代末提出的关于神经学习过程的观点。[11]

大脑是一个神经元的集合，通过突触连接在一起。每个神经元都是一个非常简单的微小处理器。大脑之所以能学习复杂的表征并产生复杂的行为，是因为它有非常多的神经元以及更多的能将神经元联结在一起的突触。大脑的学习是通过调整单个突触的"强度"进行的，突触的强度决定了它在所联结的神经元之间传递信息的效率。虽然我们还没有搞清楚这个学习过程是如何运作的，以及大脑是如何表征信息的，但基于大脑模型的神经网络已经初步建立起来了，尽管这种大脑模型并不完美。

神经网络是一个类似于神经元的单元集合，这些单元可以进行简单的计算，可以进行不同程度的激活。这些单元通过可调整权重的类突触链接联结。虽然神经网络类型多样，但学习预测模型的神经网络主要是"前馈网络"，如图1.4所示（非常粗略）。用于学习预测模型的前馈网络有一组输入单元，编码训练项目（或测试项目）的输入变量；有一组输出单元，编码对应项目的结果变量；还有一组中间的隐藏单元，变量从输入单元经过隐藏单元流向输出单元。通过该过程，该网络运行了从输入变量到结果变量的函数，很像一个回归模型。通常有许多"层"的隐藏单元，每一层都与之前和之后的层相连。（图1.4中的网络有一个隐藏层。）

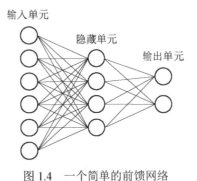

图 1.4　一个简单的前馈网络

举个简单的例子，设想图1.4中的网络是一个非常简单的图像分类器，它接收由六个像素组成的微小图像，并决定这些像素是否代表A型或B型的图像。每个像素强度将被编进其中一个输入单元并被激活。输出单元的激活以某种指定的方式来编码类型。（例如，A型可以通过将一个单元的激活设置为1，另一个单元为0来编码，而B型可以通过将前一个单元的激活设置为0，后一个单元为1来编码。）

前馈网络有许多不同的学习算法。但所有这些算法的基本原则是"监督学习"。在这种学习算法中，我们首先将网络中所有链接的权重设置为随机值。随后，网络在连续的几轮训练中运行从输入到输出的函数。为了以这种方式训练图像分类器，我们首先给它提供训练输入值，让它推测（基本上是随机的）能"看到"什么。分类器将不可避免地产生误差，而训练过程中的一个关键步骤就是算出这些误差是什么。这是通过在每次推测之后，将网络的*实际*输出值与它*应该*产生的输出值进行比较来完成的。然后，通过微调网络中所有链接的权重来减少误差，这些调整随着多次重复过程而逐渐提高网络性能。

监督学习算法的关键都与如何调整权重以减少误差有关。这一领域的一个重大突破是"误差反向传播"技术，它是由大卫·鲁梅尔哈特（David Rumelhart）和加利福尼亚大学圣迭戈分校的同事于 1986 年发明的（或至少是主导建构的）。这种算法允许对网络隐藏单元中神经元的权重进行合理调整。反向传播的发明引发了学术界对神经网络的兴趣，但没有立即产生实际效果。随后在 20 世纪 90 年代末和 21 世纪初，前馈网络出现了各种创新，进而推动反向传播的巨大改进。[12]这些创新，加上当时计算机性能的巨大提升，催生了新一代的"深度网络"，这彻底改变了人工智能和数据科学。

深度网络最突出的特点是它们有许多层的隐藏单元（与图 1.4 中的单层不同）。现在有几类深度网络部署在机器学习的许多不同领域。深度网络往往是表现最好的模型。事实上，机器学习领域已经发生了范式转变。该领域的大多数研究人员目前将注意力集中在深度网络上。有几个开源软件包支持深度网络的实施、训练和测试（例如，谷歌的 TensorFlow 和 Facebook 的 PyTorch）。这些软件包无疑巩固了新的范式，它们的持续发展也有助于促进该范式的发展。

但是，深度网络的一个显著缺点是，它们学习的模型非常复杂，人类基本上不可能理解其工作原理。人类有机会理解决策树（甚至是一组决策树）或理解一个简洁说明变量关系的回归模型，但无法理解一个深度网络如何根据输入计算输出。如果我们想让机器学习工具为其决策提供人类可以理解的解释，我们需要使用可生成解释的额外工具进行补充。"可解释性工具"的开发是人工智能的一个十分重要的发展领域，我们将在第 2 章中单独讨论解释系统。

## 测试预测模型的协议

到目前为止，我们对测试和评估算法的方法说得很少。在这里，我们只提一个可以用来评估算法性能的工具。

通常情况下，一个预测算法会出现几种不同类型的错误，这对其使用会产生不同影响。假设一个"二元分类器"，它被训练来识别一个特定类别中的数据。在测试过程中，这个分类器将每个测试个体标记为"阳性"（属于该类别）或"阴性"（不属于该类别）。如果我们同时知道测试个体的实际类别，我们就可以算出分类器在分配这些标签时的正确率和错误率，并将这些结果用"混淆矩阵"表示。表 1.1 显示了混淆矩阵的一个例子。该例中的分类器被训练来预测欺诈者。它将预测会实施欺诈的人标记为"阳性"，将其他所有人标记为"阴性"。

表 1.1　欺诈检测算法的混淆矩阵

| 类别 | 确实实施了欺诈行为 | 没有实施欺诈行为 |
| --- | --- | --- |
| 预测会实施欺诈行为 | 真阳性 | 假阳性（1 类错误） |
| 预测不会实施欺诈行为 | 假阴性（2 类错误） | 真阴性 |

混淆矩阵显示了系统在两种预测中的正确率或错误率。"假阳性"是指系统错误地预测某人会实施欺诈（可以说是虚惊一场）；"假阴性"是指系统未能识别真正的欺诈者（一个失误）。如果一个系统并不完美，假阳性和假阴性（以及真阳性和真阴性）之间总会有一种权衡。例如，一个将每个人都判断为欺诈者的算法将没有假阴性错误，而判断没有人是欺诈者的算法将没有假阳性错误。重要的是，在不同的领域，我们预期的误差形式有所不同。例如，如果我们要预测一个人是否适合康复项目，我们可能希望在假阳性方面犯错；而如果我们要预测一个刑事案件中的犯罪，我们可能希望在假阴性方面犯错（假设让更多有罪的人逍遥法外比监禁一个无辜的人要好）。那么，对于许多应用来说，我们希望明确在用混淆矩阵评估分类器性能时及格标准是什么。也就是说，我们能接受系统犯什么样的

错误。

混淆矩阵只是一种简单的手段，用来记录一个算法所犯的错误类型，并评估它的表现是否可以接受。但是，除了混淆矩阵，显然需要更多努力来测试和评估算法。首先，如果算法不是为了敷衍了事，*必须经常进行*测试。人们的习惯、偏好和生活方式可能会随着时间的推移而改变，因此需要不断更新用于训练算法的项目，确保它们能够真正代表目标人群。如果测试项目没有定期更新，算法的性能将退化，各种偏差可能会（重新）引入。另一个要求是测试要*严格*。仅仅在标准案例上测试算法的性能是不够的，如赚取"平均"收入的"普通"民众这样的标准案例。它必须在包括不寻常情况和特殊个体的非典型案例中进行测试。

请注意，频繁、严格的测试不仅对安全性和可靠性很重要，而且对培养民众对人工智能的信任也很关键。人类是一个多疑的群体，但如果在不利条件下的反复测试表明一项技术是安全的，我们通常会愿意接受它。这就是为什么我们乐意登上飞机。波音公司对其商用客机的测试是出了名的，甚至是极端严苛的。人工智能也应该如此。除非自动驾驶汽车在各种条件（如交通拥堵、交通畅通、潮湿天气、有无行人和有无骑自行车的人等等）下通过严格的压力测试，积累足够的安全证据，否则我们不太可能像对待空中交通管制系统或自动驾驶汽车那样，愿意将控制权交给谷歌无人驾驶汽车。

## 结　　语

我们刚刚介绍了世界各地的政府部门和企业目前使用的主要预测模型，目的是强调建模技术不断发展并延续至今。今天的模型是从计算机时代（在某些情况下远早于此）开始就一直在使用的预测模型的延伸。本章强调，尽管这些模型在目前的讨论中经常被称为"人工智能"模型，但它们往往同样被描述为"统计"模型。现代人工智能预测模型的主要创新之处在于，或是由于技术改进，或是由于身处大数据时代，它们通常比传统模型表现得更好,许多新的数据源正在涌现。因此,这些模型应用更加广泛。

就现代人工智能技术而言,不得不说,商业公司已走在开发和应用的前列。大型科技公司(谷歌、Facebook、亚马逊以及中国的同类公司)作为人工智能的世界领军者,雇用了最大、最优质、资金最雄厚的研究团队,并且可以获得最大的数据集和最强大的计算机处理性能。在所有这些指标上,学术界对于人工智能研究都滞后了一些。政府部门甚至更落后,但他们*正在*部署与大型科技公司相同的人工智能工具。学术界和政府的人工智能研究重点都在预测上。

在此强调,本章并没有涵盖人工智能的全部内容,也没有涵盖机器学习的全部内容。还有许多其他的重要的机器学习技术为现代人工智能系统作出了贡献,特别是无监督学习方法,它在没有指导的情况下对数据进行分类并强化学习方法,无监督学习以奖励或惩罚的形式来代替系统指导(对这些方法感兴趣的读者可以在本章的附录中了解它们)。但我们所定义的预测模型仍然是影响世界的人工智能技术的核心。而且,正如下文所阐述的,它们也是公民关于人工智能技术监管的讨论焦点。例如,预测模型都能以相同的基本方式进行评估,这使得它们自然成为质量控制和偏见的讨论焦点(第3章);它们执行明确定义的任务,这使得它们自然成为人类监督和控制的讨论焦点(第5章);它们的性能往往是以牺牲简单性为代价的,这使得它们自然成为关于透明度的讨论焦点(第2章)。总之,无论是从技术角度还是从监管和监督的角度来看,预测模型都比较一致,因此是对群众科普人工智能的一个很好的切入点。

## 附录:其他机器学习系统

我们对机器学习的介绍主要集中在"预测模型"以及它们在工业和政府中的应用历史。本书围绕这些工具模型进行讨论。然而,除了预测模型,还有其他类型的机器学习方法也得到了广泛的应用,也应该对其简要介绍一下。

其中之一便是"无监督"机器学习。监督学习算法被指导如何将其输入变量映射到结果变量上，而无监督算法却没有任何指示。它们只是在大型数据集中寻找人类分析师可能错过的模式。无监督算法经常被用来建立"典型"客户或"典型"公民的档案。这对于简化复杂的数据集以及根据其包含的典型模式来重新分类很有帮助。如果知道购买狗饼干的人也经常购买跳蚤项圈和访问针对宠物主人的网站，我们就可以对这类人群建立一个直接、现成的类别。这种"客户细分"，除其他用途外，可使潜在客户更容易成为广告目标。

很难评估无监督学习系统的性能，因为它们没有具体的任务要做。在上面的例子中，它们只是根据共同的特征找到客户的分组。这使得这些系统的监管目标难以界定。然而，无监督学习系统有时可与预测模型结合使用。例如，预测模型的输入有时是由无监督学习算法创建的简化类。假设我们想构建一个分类器，把人分成两组：高信用风险和低信用风险。但假设我们不知道凭借什么特征来区分低信用风险和高信用风险的借款人。在构建分类器之前，我们可以运行一个无监督的学习算法，看看它是否能检测到这种特殊的分组。如果它做到了，它可能会发现所有低风险借款人都有的特征（如高储蓄和中等收入）和所有高风险客户都有的特征（如低储蓄和低收入）。在这种情况下，我们可以通过观察无监督系统是否提高了预测系统的性能来间接地衡量它。在这里，监管目标更容易制定。法律可以强制要求无监督算法在信用评分的预测准确性方面达到某个基准。

最后一种值得一提的机器学习类型是"强化学习"。该类机器学习被用来训练一个在某些环境中运行的代理系统，它能以某些方式感知环境状态。该系统将通过感受器感知其所处的环境状态，利用这个状态输出一个动作。通常情况下，它产生一连串的动作，每个动作都会给它所处的环境带来变化。因此，它的感知流受到了它所执行的动作的影响。这类系统一个很好的例子是一个玩视频游戏的人工智能代理。作为输入，它可能接受游戏显示屏的当前像素值；作为输出，它可能产生游戏中的一个角色的反应。

通过强化学习训练的系统就像一个预测模型，因为它学习将"输入"映射到"输出"，但有两点有别于预测模型。首先，它不只是"预测"一个输出；它实际上*执行*了其预测，改变了其环境，它不只是做出一次性、孤立的预测；它所做出的一系列预测都与每次所处的新状态有关。

强化学习与监督学习一样，系统从一些外部来源学习如何将输入映射到输出。但在强化学习中，少了逐步指导。代理器没有被告知每一步应该做什么。相反，代理器在它探索的环境中偶然发现了*奖励*和*惩罚*。这些刺激往往很零散，没有规律，就像在现实世界中那样。因此，它经常要学习在未来一段时间内获得奖励或避免惩罚的行动*序列*。人类和其他动物的很多学习都是通过这种强化发生的，而不是通过直接监督。我们从困难中学习成长。

再进一步讲，用强化学习训练的系统仍然是一种预测模型。如今，预测模型通常是一个深度网络，在每个时间步骤中使用反向传播进行训练。但在强化学习中，*如何训练*这个模型是系统的工作——也就是说，它必须想出自己的训练集实例，将输入映射到"期望的"输出。这对评估强化学习系统的方式有影响。系统开发者通常没有显示输入-输出映射关系的"测试集"，无法基于此对其性能进行评估。相反，随着学习的进展，开发者对系统的评估仅仅是看系统在最大化奖励和最小化惩罚方面有多好。

# 2

# 透 明 性

　　一则著名的故事讲述了德国一匹会算术的马，一开始人们都认为它会算数。[1]这匹马名叫汉斯，人们都称其为"聪明的汉斯"，其传奇事迹至今仍有重要的借鉴意义。据说，汉斯能够进行加减乘除的运算，甚至可以阅读、拼写以及报时。[2]如果主人问这周五是这个月的第几天，汉斯会敲出答案，比如敲 11 下表示这个月的第 11 天，敲 5 下表示这个月的第 5 天。令人惊奇的是，汉斯经常给出正确答案，正确率高达 89%。[3]不出所料，汉斯引起了轰动，甚至登上了《纽约时报》的头条——《柏林的传奇马：除了不会说话，几乎可以做任何事》。[4]

　　然而，这种吹捧并没有持续多久。一名心理学家在调查了汉斯的案例后总结道：实际上汉斯并不会算数、报时或阅读德文，它之所以能够敲出正确的答案，是因为能够识别到*主人*在提出问题时，对它做出的下意识的动作和表情提示。虽然不像之前那么耸人听闻，但马能读懂主人想法这点也足够令人惊奇。当汉斯在敲出正确数字前的第二个敲击点时，它的主人紧张到极点，随后便缓和了。汉斯会在主人紧张到极点的时候再敲打一次然后停止。因此汉斯并不知道问题的答案，只是能够察言观色罢了。尽管汉斯给出了正确答案，但却没有真正弄懂问题。

　　如果那些猜中多项选择题答案并最终获得高分的人看到这则故事，一定能产生共鸣，但今天，人工智能也生动地说明了这一点。机器学习工具很有可能会因为一些明显的虚假原因而产生正确结果——可能性高得令人担忧。序言提到过一个例子：经过训练的目标分类器在区分以雪为背景的狼群图片时，很可能只根据雪景这一事实，而不是根据眼睛和鼻子等应该识别的动物特征来区分狼和哈士奇。这并非个例。一些分类器只有在周围有水的情况下才会识别船[5]，只有在附近有铁路的情况下才会识别火车[6]，只有在有手臂支撑的情况下才会识别哑铃[7]。这些故事所阐述的道理很简单：我们永远不能相信一项科技可以做任何重要的决定，除非有办法审查该技术。我们必须确信，它做出决定的"理由"真实可信。这使得透明性成为人工智能领域的圣杯。自主系统必须有一种方法让人类能够仔细检查其操作，这样才能及时发现任何"聪明的汉斯"式的诡计。否则，在标准环境下（比如周围有很多水，或者地板上散落着很多其他健身器材）可以正常工作的分类器，在非标准环境下就会失灵。现实就是：高风险决策几乎总是发生在非标准的环境中。当内政部评估签证申请时，我们关心的不是系统是否能够处理符合标准的通行和禁行情况，而是*异常情况*。

但是现在对于一个系统来说，透明性到底意味着什么？虽然几乎所有人都同意透明性必须实现、不容妥协，但并非所有人都清楚其目标是什么。到底需要什么细节？是否太过追究细节？对系统的运行机制和决策理由需要了解到什么程度才能令人满意？

鉴于这样的问题在大数据时代非常重要，本章会认真思考这类问题。不过首先来介绍一下整体情况。毕竟透明性涉及*很多*领域，而我们只对其中的一小部分感兴趣。

## "透明性"的多重含义

"透明性"拥有许多截然不同的含义。它有着普遍含义，同样也有特殊含义。它可以是雄心勃勃、异想天开的，但也可以是明确、具体的。

在最广义的层面上，它是指*负责*或者*担当*，换句话说，机构或个人回应披露信息的要求或者想要对已采取或将采取的行动进行解释。这是这个词最政治性的解释。重要的一点是，实现透明是一个*动态过程*——当局一直致力于实现透明，但却从未完全履行承诺。致力于透明性意味着*要变得透明*，而不是*始终*透明。民众期望选出的代表为公众利益行事，而透明性意味着他们有义务不断满足这一期望。若政府开放、有担当、对公民负责，它就不太容易变得狭隘、自私和腐败。因此，广义上的透明性是防止权力滥用的保障。所有的民主国家理论上都重视这种透明性，但显然，这种定义过于模糊和理想化。从此开始延伸，"透明性"这一概念朝着至少三个方向拓展，每个方向都将使概念拥有更坚实的基础。

其一，透明性可能与道德和法律责任有关（见第 4 章）。这就涉及人们熟悉的"可谴责性"和"损害赔偿责任"等概念。这里的"透明性"往往是静态的，即"一劳永逸"或"特定时间"（如"判决赔偿原告 600 美元"）。与开头提及的广义概念不同，此时的透明性不一定是动态的。它往往是*纠正*（和回顾），而不是前瞻性地*预防*错误。但是，像第 4 章所提到的，责任并不总是一成不变和回顾。如果一家公司生产*直接*到达用户手中的终端产品，也就是说产品不再有后续的实地测验或其他操作，那么该公司负有前瞻性责任，以确保产品安全。这就是律师们所说的"注意义务"。这一例子说明法律责任的一些特性与透明性的负责和担当相关。

其二，透明性的动态特性并没有消失，但局限于对机构、实践和工具的监察（审计）。这里的透明性是针对机制而言的：这些工具如何*运转*？各个元件如何相互配合才能达到其设计目标？我们可以通过以下两种方式"检查"算法。第一，可以查询其出处。如何研发的？研发者是谁？研发目的是什么？扩展到采购环节则是：这些机器是如何得到的？是谁审核批准的？批准条件是什么？以及律师惯问的问题是：*何人受益*？也许可以称之为*过程*透明性。第二，我们可以查询任何算法：工作机制是什么？训练数据的来源是什么？数据处理的逻辑是什么？也许可以称之为*技术透明性*，其核心在于*可解释性*。在使用算法做出任何特定决定之前，我们可以寻求一般的（"*事前的*"）解释。例如，在机器学习案例中，可以询问使用的是决策树、回归算法，还是某些算法的混合。使用的算法信息可以透露出很多基本操作原则，以及算法 A 是否好过算法 B。然而，一旦算法做出*特定*决策后，我们可以提出更加具体的问题。为什么算法会用*这种*特殊的方式决定*这个*问题？它这样决策的"原因"是什么？这是在寻求一个具体的、个性化的（"*事后的*"或"*后此的*"）解释。在这两个案例中，重要的是要记住，决策系统是可解释的但这并不意味着所有利益相关者都能理解该解释。如果当事人对法律上的自动判决表示不服，其律师至少需要了解判决使用的底层算法的工作机制。这使得*可理解性*成为任何可解释系统都应该具有的关键特征，当然，我们指的是*相对于某些专业领域*的可理解性。显然，法律目的上的可理解性与软件工程目的上的可理解性不同；对于自动化系统，程序员与律师想要知道和能够理解的内容将大相径庭。人们希望可解释系统具有的最后一个属性是*正当性*，特别是在谈及自动化决策时，这种想法尤其强烈。人们想要的不仅仅是解释，甚至也不仅仅是可理解的解释，还希望得到基于可靠推理的有力、公平、合理的解释。

其三，透明性表示可访问性。也许有能力对算法进行有意义的解释，但却无权做到这一点。知识产权可能禁止披露专有代码或开放训练数据。因此，即使可以理解算法的运行逻辑，但出于经济、法律或政治原因，可能依然无法对其进行全面评估。技术上透明的算法可能会因为非技术原因而变得"不透明"。图 2.1 以图解的方式描述了透明性的各种嵌套和交互概念。

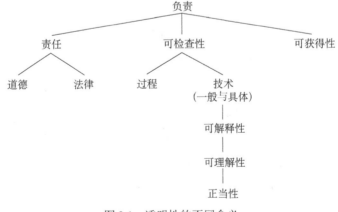

图 2.1　透明性的不同含义

人们对算法和机器学习中各种意义上的透明性表示担忧。然而，让公民自由主义者和越来越多的计算机科学家感到焦虑的是技术透明性——*可解释性*和*可理解性*。这就是本章所聚焦的内容。系统决策的可解释性可以帮助人们辨别"聪明的汉斯"是否真的聪明。(过程透明性也是一个重要关注点,这一点会在接下来的章节中讨论。)

首先,需要考虑为什么算法会有"技术"透明性的问题。为什么有些算法的决策很难解释说明,以至于我们只能认为它们是不透明的?其次,需要思考这一问题到底有多严重。我们将对比自动化决策与人类决策,看看有多少问题是自动化系统独有的,有多少问题困扰着包括人类在内的*所有*决策者。这非常重要,因为一旦人类决策也会出现与自动化决策类似的透明性问题,那么在讨论机器学习系统的不透明性时,人类也许不应该太居高临下地坚持对机器透明性的高标准、严要求,毕竟人类自己也无法达到这一点。

由此本书认为在设置自动化决策评估基准时,参考人类决策评估标准很合理。毕竟,人工智能在许多领域追求达到人类的智能水平,而这当然也会经常涉及一些日常决策。

## 对决策的解释以及决策原因

当某人对别人的资格、权利和义务等事宜发表评论时,他们理应解释其评论理由。即使他们没有这么做,但严格来说,这是*必要事项*。例如,我们会自然而然地认为,如果银行拒绝给某人提供贷款,这不是通过掷骰子或抛硬币决定的。如果租务法庭认为租金上涨合理,在这种情况下,租客就会期望得到裁决原因。不管是法庭、政府官员还是商业实体,也许不会随时说明其决策缘由。私企一般没有义务向顾客做出解释,即使是公共机构也不一定需要阐明其决策背后的原因。但是我们所有人都认为,从原则上讲,是*可以*就决策进行解释的。正如前面所讲,决策并非任意或反复无常,应该建立在合理的推理基础上。

当然,在公共决策过程中,解释有时*是*强制性的。这在司法情境中最为明显，法律文件明确规定法院有义务解释其裁决。之所以如此规定，是因为要尊重民众的上诉权。假如民众*享有该权利*，上诉时必须师出有名。如果不知道法院是如何给出判决的，怎么可能对审判结果提起上诉呢？一般来说，一旦民众享有上诉权，决策者就有义务就其判决做出解释，这是不言而喻的。另外，如果民众不享有上诉权，法庭也就无须提供解释，参见方框 2.1。

---

**方框 2.1　行政法以及"上诉"与"审查"之间的区别**

行政法是规范公职人员（部长、秘书、总检察长、司局长、专员等）行为的法律。传统上，在英美法系国家（英国、加拿大、澳大利亚和新西兰），政府官员没有义务解释其决策，因为机构或个人无权对其决策提起上诉。取而代之，此类国家规定了*审查*权（有时称为司法审查），这可以理解为对决策*条件*而非决策本身提出上诉的权利。例如，如果法律规定某位政府官员有权决定本市房产税，但无权决定土地税，人们可能会质疑该官员改变土地税的决策。在这种情况下，与其说是就该决策进行*上诉*，倒不如说是在*审查*该项决策。从这种意义上讲，审查无须公开说明的决策理由，因为它不是在质疑决策过程（即官方如何根据事实和法律推理出结论），只是在质疑决策条件（即官员一开始就无权决定土地税的事实）。相比之下，真正的上诉会质疑决策过程，而不仅仅是决策条件。这有时被称为"事实审查"，它是当事人在刑事诉讼和民事诉讼中经常行使的权利。真正的上诉权允许上诉法院详细审查决策者做出决策的原因，包括如何评估证据，从证据中得出什么结论，如何解释法律，以及如何将这种解释应用于现实中的案件。换句话说，上诉允许上诉法院用自己的决策代替初始决策。要行使真正的上诉权，显然不服者需要得到理由！

---

当然，出于其他考虑，如促进司法公开，法律可以强制性规定机构或个人有义务就其决策做出说明。通常，若人们知道某项决定的原因，即便

只是大致了解，也能信任这一决策过程，并相信决策者的行为是公平合理的。因此，解释决策既具有工具价值又具有内在价值。工具价值体现在通过上诉推翻不利决策，而内在价值则体现在广义上可作为衡量负责和透明性的民主化指标。在许多法律系统中，判决理由陈述是判例法的来源。将法院判决作为此后相同案件判决的根据，随着时间的推移，实现了法律的一致性。显然，对判决做出解释这一习惯全面提高了决策质量。一名法官意识到成百（甚至上千）名律师、学生、记者和公民都在认真关注其判决时，就会急于做出正确判决，而这将往往会急中出错，累及其声誉。

有人享有获得解释的"权利"，意味着有人承担着解释"义务"。可想而知，不同的司法管辖区在是否承认解释权方面存在着分歧。[8]一些管辖区域（如新西兰）规定政府官员有义务解释其决策理由，而另外一些国家（如澳大利亚）规定除法官外，其他人无须解释其决策理由。有趣的是，欧盟可能是目前最明确要求对公共*和*私营部门的自动化决策做出解释的管辖区（见下文）。然而，解释权是否充分弥补了实践中的不足？这仍存在争议。尽管解释权肯定会发挥一定的作用，但人们往往夸大了其效用。解释权的效力依赖于个人是否意识到自己享有该权利，是否知道如何行使权利，并且（通常）是否有足够资金支持其行使权利。[9]

毫不意外，随着算法决策技术迅速发展，民权组织越来越关注挑战算法决策的范围。这不仅仅是因为人工智能经常用于司法系统。人工智能也用于银行对贷款人的信用评估、职业介绍所对求职者的简历筛选、安保公司的身份核实。虽然不能像面对法院裁决那样对私营企业的决策"上诉"，但对于私营企业那些影响公众的决策，仍有法律予以规范。例如，反歧视条款禁止公司在筛选求职者时将种族、性别或宗教信仰纳入考量范围之内。使用人工智能技术的公司可能会从另一家公司购买该技术。如何才能确保人工智能在推荐雇用某人或拒绝向某人发放贷款时，不会考虑这些被禁止（"受保护"）的因素？难道只是*假定*软件开发人员知悉相关法律，并在编程时严格遵守吗？

# 人工智能的透明性问题

传统算法不涉及透明性问题——至少与目前的深度学习网络不同。这是因为传统算法是"手动"定义的，开发者在设计系统在特定输入条件下应如何运行时都已经考虑到了。*

如第 1 章所说，深度学习自成一体。执行深度学习算法的神经网络模仿了人类大脑的计算和学习方式。神经网络由大量简单的类神经元单元组成，单元之间由许多可塑的类突触链接紧密相连。在训练过程中，开发者会调整深度学习系统的突触权重，从而提升系统性能。尽管我们可以理解这种通用的*学习算法*（learning algorithm）（例如，第 1 章讨论的"误差反向传播"方法），但无法参透那些实际的*学习到的算法*（algorithm learned）——输入和输出之间的唯一映射。如果就某项决策任务进行训练，神经网络基本上会衍生出它自己的决策方法。这就是问题所在——我们根本不知道算法将使用什么方法来处理不可预见的信息。重要的是，系统用户和开发人员对这方面都不是很了解。很难准确解释清系统运行的*事前预测*和*事后评估*。这就是人们抱怨当今算法缺乏透明性的症结所在。如果不能清楚理解机器的决策方式，那么要如何对决策进行审查？法官、行政管理人员和公共机构都可以为其决策提供理由。我们可以期待自动决策系统提供哪些"理由"？这样的解释足够好吗？我们认为，鉴于人类能随时随地解释其决策理由，如果人类决策代表了某种透明性的黄金标准，那么在某些方面，人工智能可以说已经达到了这一标准。

## 算法系统到底需要什么类型的解释？

到目前为止，对人工智能透明性的呼吁有着特殊意义。经常会有人探讨检查算法决策工具的"内部结构"或"内在构建"[10]，这个过程也被称

---

\* 当然，有些传统算法，如"专家系统"，也*可能*因为它们的复杂性而难以理解。

为算法的"分解"，包括解密黑匣子来"理解权重、神经元、决策树和架构等*内部结构*如何揭示了其编码模式"。这需要访问模型结构本身的大部分内容[11]。电气与电子工程师协会（IEEE）提出了设计可解释人工智能系统的可能性，该系统"可以提供证明理由或其他可靠的'解释性'数据，来*阐明*得出……结论的*认知过程*"[12]。在其他地方，它在谈到"内部"过程时需要是"可追踪的"。[13]

不只有上述一个理想材料。欧盟《通用数据保护条例》（GDPR）的某些方面也引发了类似的讨论。[14]比如，GDPR 第 29 条数据保护工作组的指南草案指出，尽管通常并不相关，但"如果专家需要进一步验证决策过程是如何工作的，也应该提供关于算法或机器学习如何工作的复杂数学解释"。*从某种意义上说，这几乎是老生常谈。显然，技术条例团队、软件开发者和部署算法系统的企业可能出于各自动机，希望更多地了解他们系统"内部"发生了什么。这些动机可能完全合理。不过，可以肯定的是，这样的调查不会只把人工智能决策当作决策来关注：他们会把技术作为一个套件来考虑——一个可以组装、拆卸和重新组装的人工制品，用于在适当的时候做出更好的决策、修复错误或增强人类控制。另外，当我们想知道为什么一个系统会做出这样或那样的*决定*，并因此寻求*合理的*解释时，我们认为最常见的（虽然并非见于每个案例）、最佳的解释将避免陷入混乱的技术内部的系统细节。换句话说，最好的解释应类似于人类对行为的解释。

## 人类解释标准

那么，人类究竟应该提供什么样的解释呢？例如，当法官和官员提供书面理由时，这些理由是否触及判决的核心？它们是否"阐明了得出结论

---

\* 严格地说，这项"良好做法"建议涉及 GDPR 第 15 条，而不是第 22 条。第 15（1）（h）条要求披露某些完全自动化的决定所涉及的"有关逻辑的有意义的资料"。

的认知过程"？几乎没有。

人类确实可以为他们的决策提供理由，但这与阐述认知过程并不相同。人类选择背后的认知过程，尤其是直觉、个人印象以及一些无法说明的预感等因素很大程度上影响思考过程，而这些因素实际上并不透明。一些决策领域，例如评估重新犯罪的可能性或偿还贷款的能力，往往涉及对哲学家所谓的"潜意识"因素的严重依赖，"潜意识"即潜藏在意识信念水平之下的因素。正如一位研究人员解释的那样："人类的决策大部分基于最初的几秒钟和[决策者]对申请人的喜爱程度。穿着得体、仪容整洁的年轻人比一位胡子拉碴、蓬头垢面的人更有可能从信用调查员那里获得一笔贷款。"[15]人类层面的不透明很大程度上源于这样的事实：人类自身也经常*错误地*理解他们的真实（内部）动机和处理逻辑。人类决策者往往运用自己创造出的*事后*合理化能力掩盖了这一事实。通常，研究可解释人工智能的学者将人类决策视为一种特权。[16]前面所提到的一些学习系统十分复杂，无法系统理解其操作，这种情况在深度学习系统中最为明显。但在很大程度上，人类大脑也是一个黑匣子。正如一位学者所言：

> 尽管我们可以观察到大脑的输入（灯光、声音等）、输出（行为）以及一些传递特性（在某人眼前挥舞球拍通常会导致躲避或阻挡行为），但不是很了解其运转机制。我们虽然已经开始对大脑的一些功能（尤其是视觉）形成算法上的认识，但只有一点点而已。[17]

毫无疑问，架构清晰、面面俱到和深思熟虑的人类理性非常有用，且足以应对大多数决策。但在本书中，有效性和真实性并不相同。人类的理性被哲学家们称为"实践理性"，是涉及行为正当化的理性领域（区别于涉及信念正当化的"认知理性"或"理论理性"）。对于大多数实践推理过程而言，过于详细、冗长和技术性的原因通常是没有必要的，甚至毫无帮助。这并不意味着典型的人类推理结构适用于所有情况，但在大多数情况下它还是游刃有余的。

想想在日常生活中所做的决定，想想那些在重要人生节点所做的决定，如迈入成年，建立关系，或者组建家庭。在这些时期所做的一些决定通常很乏味、琐碎（如我应该在家还是在外面吃晚饭？），而其中的许多决定对决策者来说又是很重要的，并且可能需要花费很长时间来思考（如从事什么职业？是否结婚？是否和何时要孩子？拿什么来买房子以及支付大学学费？等等）。但是，在经过数月的研究或自我反省之后，他们可能要表达的基本原理概括起来不超过几句话。经过深思熟虑后，可能会有一个因素在三四个因素中脱颖而出，成为决定性因素，而*事后*所陈述的决策原因将相当于一份声明，指出该特定因素，并附上几点辩语。

事实上，仔细想想，大多数"官方"决策也是如此。它可能涉及：是否购买新设备？是否授权对城镇供水进行氟化处理？是否恢复被不公平解雇的人的职位？是否批准保释或假释？等等。但是，这些决策的形式结构与任何其他决策（公共的、个人的、商业的或其他）基本相同。诚然，风险可能更高或更低，这取决于决策与什么有关，以及有多少人会受到影响。此外，提供理由的要求以及考虑某些因素的义务可能在一种情况下是强制性的，而在另外一种情况下则不是。但是主要区别不在于形式层面。这两种情况都包含或多或少系统的实践推理。而且，无论情况是公开的还是私密的，提供的解释超出要求范围，过于详细、冗长或专业，都可能不利于实现透明性目标。

当然，在公共决策和私人决策之间存在一些差异。例如，某些原因在个人决策中是可以接受的，但在公共决策中不可接受。你可以说，"我不会搬到奥克兰，因为我不喜欢奥克兰"，但同样的理由在公共场合不适用。此外，公共决策通常是在委员会和上诉法院等群体中进行的，以减轻个人推理者的"噪点"，即便许多私人的、纯粹个人的决定（如学习什么？打算从事什么职业？是租还是买？等等），也经常是在与朋友、家人、导师和职业顾问等进行咨询后做出的。无论如何，这些差异都不会影响它们本质上基本相同的结构。无论哪种方式，无论参与决策过程的人是多是少（如陪审员、焦点小组等），或者是否有上诉权，这两种决策程序都采用实践推理，并将信念和愿望作为它们的输入。以司法决策为例——

这或许是目前官方推理中最受约束和最严格的一种形式。司法推理应该首先呼吁普通诉讼当事人维护权利，或者在当事人无法行使该权利时，解释其失效原因。因此，它必须采用实践理性标准，因为它必须以一种或另一种身份对待公民（作为家庭成员、公司高管、股东、消费者、罪犯等）。例如，即使是在向律师阐明法律规则和支撑这些规则的道德原则时，也不能脱离或超越实践（和道德）推理的界限。[18]

我们并不是说这些见解有什么独创性，但它们确实很重要。正如我们所透露的，预测分析中使用的决策工具已被用于实践推理。例如，GDPR的目的是在处理"个人"数据方面保护"自然人"（第 1 条）。第 15 条和第 22 条涉及数据主体的"权利"，即不受仅基于自动化处理（包括"分析"）的"决定"的约束。那些因其偏见问题而臭名昭著的工具，如PredPol（用于热点警务）和 COMPAS（罪犯矫正替代性制裁分析管理系统，预测再犯的可能性），同样旨在替代或补充人类决策（例如，通过回答诸如以下问题：我们应该如何在一个具有 X 地理特征的地方部署警力？这个罪犯再犯的可能性有多大？等等）。从这些技术中寻求的解释应以达到实践理性的水平为目标。在大多数情况下，过于详细、冗长或技术性的解释无法满足实践推理的要求，不应被视为理想的解释。

有些奇怪的是，许多可解释人工智能的提议（明确或隐含地）都假设信息处理系统的内部包含一个可接受的甚至是理想的解释机制，可以实现透明性目标。英国上议院人工智能特别委员会 2018 年的一份报告就是一个很好的例子。一方面，人们认为想要实现委员会所称的"技术完全透明性"，"对于目前所使用的某些人工智能系统来说很困难，甚至绝不可能，而且在任何情况下对许多人来说都不合适或毫无帮助"[19]。另一方面，在某些安全关键领域，如法律、医疗以及经济的金融部门，技术完全透明性"势在必行"。在这方面，监管机构"即便可能牺牲性能和准确性，也必须有权要求使用更透明的人工智能形式"[20]，其理由大概是，为保证可以监测系统内部结构，可以使用更简单的系统，从而弥补在准确性方面可能造成的损失。所以我们看到的是在人类决策者本身无法实现透明性的领域，人们正在鼓吹极高标准的透明性。其结果是使一种双重标准永久存在，即机器工具必须透明到根本无法实现的程度，才能被认为是完全透明的，而人类决策的透明性只要满足相对不那么苛刻的可解释标准就行了。按照这种标准，需要首选更简单和更容易透明的系统，即便其产生的决策质量相对较差。因此，双重标准可能会阻止深度学习和其他潜在的新兴人工智能技术应用到可能引发变革的领域。正如委员会写道：

> 只有那些对个人生活产生重大影响的人工智能系统能*对其决策做出充分全面令人满意的解释*，才可被允许部署。例如，深度神经网络还无法全面解释其决策，这可能意味着在找到替代解决方案之前，需暂缓其在特定领域的应用。[21]

在某些情况下，这可能是一种明智的方法，但这是一个危险的开端。正如该委员会所指出的，一旦将人工智能应用限制于人类可理解的范围，只会限制人工智能实际的应用潜能。[22]对于很多高风险领域，尤其是在临床医学和精神药理学领域，坚持在采用一项技术之前彻底了解它的功效，可能会对人类健康造成危害。

## 人类决策中的无意识偏见和不透明性

众所周知，"人类在认知上往往怀有偏见和刻板印象"[23]。不仅如此，"当代各种形式的偏见往往难以察觉，甚至连偏见的持有者自身可能都不知道"[24]。

最近，一项研究证明了这一点。对于那些经常需要以敏锐和专业方式处理犯罪材料的人，有时甚至也无法察觉到自己认知上的偏见。在最近的一篇关于心理法律文献的评论中，作者比较了法官和陪审员易受偏见的影响，指出尽管"绝大多数法官和陪审员尽量公正地对待当前案件……即便如此，其所做的最佳努力也可能受偏见侵害"[25]。他们写道，"法律心理学研究表明，即便认同法官与陪审员的推理方式可能不同，也并不会显著影响法官探求事实真相的职责"[26]，而且"在有关偏见的宣传方面，法官和陪审员也受到类似的影响"[27]。

类似的研究发现迫使我们重新审视对人类推理的态度，并质疑那些看似最值得信任的推理者的能力。解释决策原因的做法可能根本不足以抵御一系列因素的影响，而对人类决策原因的解释很可能掩盖了决策者自己都不知道的动机。即使动机*是*已知的，所阐述的理由也可以用来掩盖真正的原因。通常，在普通法系中，如果法官要决定一个公平的结果，但是没有判例来支持他，这个法官可能会四处摸索，直到从确实存在的有限先例中提取出*某些*理由为止。[28]

在关于算法透明性的讨论里，你可能会听到人们援引人类决策中*上诉*的可能性，好像这真的会给决策者的透明性带来很大影响。虽然把法院和法官视为人类决策的范例是可以理解的，但人们经常忘记的是，合法的上诉权利相当有限。它们很少能够自动行使。通常情况下，民事诉讼法会限制下级法院的上诉，要求上诉法院首先"准许上诉"。[29]

然而，实际情况更糟糕。事实上，即使在级别最低的法院，大部分司法推理内容免于上诉（尽管是出于务实的原因），*甚至在理论上可以上诉的情况中也是如此*！在每个案件中可能都要行使一定程度的司法自由裁量权，但往往只能对自由裁量权的极小部分内容提起上诉。[30]鉴于法官经常被要求行使自由裁量权，这可以被视为违反司法公开原则。法官对证人可信度的调查结果也有相当大的回旋余地。上诉法院一般不愿推翻有关信誉的司法决定，因为应尊重初审法官在能够直接评估证人行为方面的地位。我们不要忘记陪审团审议是典型的黑匣子。即便可以对陪审团的裁决提出上诉，但除了陪审员，没有人知道陪审团为什么会做出这样的决定。由此，透明性大打折扣！

让我们更深入地探索一下更深层次的认知。单纯就人类决策的神经生理而言，除了神经间传递、兴奋和抑制的一般原则之外，还有很多过程没有理清。在多标准决策的情况下，决策者必须兼顾诸多因素，并权衡每一个因素与最终决定的相关性。有假设认为，大脑消除了其他可能的解决方案，占主导地位的解决方案最终打败其他方案，从而营造出一种"赢家通吃"的场景。[31]虽然这个过程在某种程度上是可测量的，但"它在本质上隐藏了为每个标准分配权重或相对重要性的阶段"[32]。这可以作为一个有益的提醒，即使量刑法官提供了对各种法定因素分配权重的理由，但分配背后的实际内部处理逻辑仍然模糊。

认知心理学对人类决策的一般性研究也同样发人深省。该领域研究者熟知"锚定"和"框架"效应。有这样一种效应，即"邻近"效应，它导致较近期事件比早期事件具有更大的权重，并对选择解决方案影响更大。[33]有研究充分证明了在相关性根本不存在的情况下，人类发现错误相关性的趋势。[34]这种偏差在人们处理小概率事件时最为强烈。[35]最后，短期记忆容量的限制意味着我们一次不能处理超过三到四个关系。[36]因为复杂决策的本质是在许多问题之间呈现多种关系，我们无法同时评估这些因素，这极大限制了处理复杂性的能力。

结论很简单：不要假装我们人类是那些深不可测的黑匣子（我们称之为深度网络）所应效仿的透明典范。

## 可解释人工智能2.0

我们认为，应实践理性要求，行动的理由需要定位在实践理性水平上，所以支持或取代实践理性的决策工具通常不应该期望以高于此的标准为目标。在实践中，这意味着在解释算法决策时，应优先进行类似普通人际解释的解释，而不是解释决策工具的内部架构。现在我们就来补充这一点。这些类似于日常解释的解释到底是什么？

不管使用的是哪一种机器学习方法（见第 1 章），现实世界运行的预测模型往往都很复杂。如果想要建立一个可以向人们解释决策*原因*的预测系统，在一开始功能设计时就不能仅限于生成决策，而需要添加额外功能。在人工智能的新领域，添加这一功能的"可解释性工具"发展迅猛。

新一代解释工具背后的基本观点是：为理解预测模型的工作原理，*我*

*们可以训练其他预测模型来复现其性能。尽管最初的模型会非常复杂，并
经过优化达到最佳预测性能，但第二个模型——"模型的模型"——可以
更加简单和优化，能提供最有用的解释。*

也许决策主体想知道的最有用的事情是，在做出最终决定时如何权衡
不同因素。对于人类决策者而言，公开具体的权重分配很常见，即便如前
所述，它们的内部处理逻辑仍然模糊不清。权重是日常逻辑中最典型的例
子，如何让算法决策工具与人类一样承担责任？一种方法是让它们透露其
各因素的权重占比。[37]在这一领域中，前景最广阔的系统是那些能够构建
因素局部模型的系统，这些因素与被解释系统的给定决策最相关。[38]"模
型的模型"解释系统还有一个额外的好处，即在没有揭露内部工作原理的
情况下，就能解释一个系统的决策原因。这应该会让科技公司感到高兴。
通过解释其软件如何"工作"，科技公司不必担心会泄露专利"秘方"。
"模型的模型"系统的这点特性应该不足为奇。请记住，它们实际并没有
告诉你"*这就是算法决定 X 的方式，这就是算法工作的方式*"。相反，正
如其名字所暗示的那样，它们提供的是一个*模型*，而模型只需要给出一个
高级、简化的描述。就像伦敦地铁地图一样，它对伦敦地铁的描绘既经
济又紧凑，毫无疑问，这是它对乘坐地铁有用的原因，但显然没有人认为
它提供了伦敦地形的可靠指南。例如，它对于在街道上导航毫无用处。

尽管如此，你可能还会想，可解释性系统是在模仿我们自己的类人逻
辑结构，但能否做得更好？即它做出的解释是否能更忠实地反映算法的实
际决定，同时仍然保持可理解性？答案似乎是肯定的。杜克大学和麻省理
工学院的研究人员建立了一个图像分类器，它不仅提供了易于理解的人类
风格的解释，并且按照人类逻辑对图像进行分类。[39]想象一下，你面前有
一张鸟的照片，你的工作是识别它属于什么物种——你可能会说，这是一
个相当标准的目标分类任务。即使对训练有素的鸟类学家来说，仅仅通过
观察图像来对一只鸟进行正确的分类也并非易事。要区分的物种实在太多
了。但假设你有一个有理有据的猜想，你该如何解释你的答案？我们在讨
论哈士奇和狼的时候就考虑过这类问题。还记得上文提到过，如果想证明

为什么认为哈士奇的图像实际上是狼，会指出一些特定的东西：最可能是眼睛、耳朵和鼻子。换句话说，你会*剖析*这张照片，指出这部分或那部分具有典型的犬科动物特征。所有这些"典型"特征的综合权重将为我们指明一个物种的方向，而不会引向另一个物种。在序言中，我们注意到许多目标分类器不会这样推理，而是关注图像中是否有雪（这是可以理解的，因为在训练集中有很多狼的图像中背景是雪，但仍然非常荒谬）。杜克大学和麻省理工学院的研究人员成功地建立了一个鸟类分类器，它或多或少地像我们一样推理——通过解剖鸟类图像，并将选定的部分与训练集的物种进行比较，也就是训练集中的典型部分。重要的是，这不仅是分类器得出结论的原因，也是它*解释*结论的方式。正如该团队所说："它有一个透明的推理过程，这一过程也被*实际*用来预测。"[40]双赢。

近几年来，各大公司一直拒绝提供解释系统，他们的借口要么是太困难，即解释难以理解，要么是解释有泄露商业机密的风险。慢慢地，风向发生了转变，即使是技术巨头也开始看到，可解释性不仅仅重要，还具有商业化潜力。现在，"越来越多的咨询公司声称提供算法审计'服务'，评估现有算法的准确性、偏差、一致性、透明性、公平性和及时性"[41]。谷歌和国际商业机器公司（IBM）也加入了进来。IBM推出了自己的解释工具——其基于云的开源软件将使客户"通过可视化仪表板看到他们的算法如何做出决策，以及在给出最终建议时使用了哪些因素。随着时间的推移，它还会跟踪模型在准确性、性能和公平性方面的记录"[42]。谷歌推出了一个"如果-那么"（what-if）工具，"也是为了帮助用户了解他们的机器学习模型如何工作"[43]。

## 双重标准：好还是坏？

本章的一个重要前提是，无论是与人打交道还是与机器打交道，透明性标准应该始终如一地适用。一部分原因是人工智能领域在某种程度上使人类成就变成值得努力追求的标准，另一部分原因是（我们已经提出）人类和机器都以各自的方式不透明。有机系统和人造系统相比较时，差异自然会出现，但这些差异似乎并不能成为采用不同透明度标准的理由。这并不是说在任何情况下都不需要不同的标准，确实存在需要不同标准的情况，但很特殊（可能有点太深奥了，在这里不讨论）。[44]与其考虑这样的情况，不如让我们考虑一些其他因素，这些因素可能并*不能*证明给人类和机器强加不同的标准是合理的，尽管它们一开始看起来能证明这一点。

我们可以想到的一个因素是，人工智能的发展潜力可能远远超过人类的透明性水平。如果算法决策工具有很大概率在自我解释方面比人类强得多，那么在制定法规时，或许*应该*着眼于最大限度地发挥它们的解释能力，即使这意味着要制定一个比适用于人类自己的标准严格得多的监管标准。然而，无论如何，在*实践*方面，我们质疑一个由数百万神经元组成的深度网络拥有的黑匣子究竟能比人类少多少。如果人工智能只是在*原则上*比人类智能更透明，但在实践中并非如此，那么这两种智能的不透明性实际是相当的，双重标准就很难成立。

双重标准的另一个论点可能如下。在讨论算法决策时，我们担心的是与影响第三方的政策有关的决策。在这些情况下，已经设置了适当程序来尽量减少个人偏差，如专家报告、委员会和上诉机制。这样的程序可能会被认为有利于人类决策，证明对人类实行更宽松的透明性标准很合理。

当前，我们已经指出了为什么上诉机制在减少偏差方面具有限制性和局限性。关于委员会，我们引用了最近的一篇论文，表明陪审团（委员会的一种）和法官都容易受到带有偏差的媒体宣传的影响。因此，让更多的人参与决策并不一定能消除或减少人类偏差干扰人类推理的可能性。就专业知识而言，法官是一种专家，正如我们所说，即使他们的动机众所周知，他们陈述的决策理由也可能并非真正的原因。但也许关于委员会还有更多的问题。有观点认为，团队流程中自然会强制执行高标准的透明性，因为成员经常需要证明和合理化其观点，这些观点在普通的讨论过程中通常会受到挑战或质疑。

但实际上，社会心理学研究表明，以群体为基础*生成*正当理由的机制，并不总是能保证其*质量*。事实上，一个群体的参与者往往会为仅存的理由所左右，而不管其质量如何。一项经典的研究发现，对于复印时的插队行为，如果有正当理由，即便这个理由空洞无物，该行为也更容易被容忍。[45]"我可以用这台复印机吗？因为我要复印。"比"我可以用一下复印机吗？"更容易接受。当然，这一结果直接说明的是非正式群体环境的动态，而不是高级别公共委员会，但在关于合法性的讨论中，这一结果受到了法律理论家的重视。[46]因此，自然生成理由的群体过程并不一定会改善个人决策。无论如何，即使可以证明一台机器的决策不如一群人的决策那么透明，与其说这是算法的缺陷，不如说这只是比较双方不对称罢了。出于同样的原因，一个人做的决定不如一*群*人做的决定透明。

## 结　语

我们试图揭示许多呼吁人工智能系统变得更加可解释、更透明的观点背后的假设。他们假设：对人工智能系统施加比人类决策者更高的透明性标准是合理的。又或许，他们只是假设：人类的决策通常比算法的决策更透明，因为它们可以被更深入地审查，给机器强加严格标准只是为了公平竞争。我们认为这两个假设都是错误的。在这个阶段，我们无法从人工智能获得的解释，也无法从人类那里获得。稍微乐观的一点是，我们*可以*（也*应该*）从人类那里得到的解释，可能越来越有可能从人工智能中获取。

# 偏　差

　　人类思想深邃，智珠在握。纵然环境纷繁复杂、信息极为有限，我们却依旧能每天做出数百项决定。人类尽管不能一一计算出行为得失，但还是成功统治了当今世界，令人惊叹。人类是如何成功做到这一点的？答案很简单：我们作弊了。20 世纪 70 年代以来，心理学家一直在对一些略知的大脑运行机制进行分类汇编。这些机制能帮助人类在多数情况下做出正确决策，称为"启发式和偏差"。[1]当人类掌握的信息不足时，这些机制便可帮助决策。人类的推理很少有不受益于这种"快速节约"的思维机制的。[2]例子如下。

　　*可得性启发法*（availability heuristic）是指，人类会根据遇到某种现象的频率来预估其发生的概率。[3]我们会使用这个方法估计遇到猫的概率，但却不会据此推测自己被谋杀的概率（如果我们想知道的话）。这是因为媒体机构会郑重地向我们介绍每一位被谋杀者的情况，但不会介绍每一次看到猫的情况，所以我们可以获取大量有关谋杀的信息。

　　*客体永久性*（object permanence）揭示了人类大脑的假设：物体独立存在于人类知觉之外。正是由于这把内置的"奥卡姆剃刀"，我们才会知道今早醒来时所患的流感就是昨晚睡觉时的那个。这虽然是一个很好的批判性思维原则，但不可避免地会像所有简单的"硬编码"规则一样，偶尔会把人引入歧途。例如魔术师从帽子里拿出的兔子并不是他们三十秒前给

你看的那只。

当我们采用*锚定启发法*（anchoring heuristic）估价时（如我花多少钱才能买下那辆车？），往往会过分依赖别人给定的最初估价。即便我们不知道这一估价是如何得出的，不知道它是否真实可信，也会进行参考。[4]

例如，当判断某人是否会是坏司机时，明智的选择可能是考虑导致不良驾驶的各种因素，例如经验不足、注意力不集中或醉酒。但这却不是人类大脑惯用的思维机制。通常，人类并不会寻根究底，而是会比较目标对象与坏司机固有印象的相似性［一种被称为代表性（representativeness）的偏差］。我们害怕鲨鱼是因为它们可怕的名声，而不是因为遇到鲨鱼的实际可能性，更不用说受到鲨鱼攻击的可能性。这种所谓的一般推理是由代表性偏差和可得性偏差共同驱动的。[5]

人们往往高估自己的决策能力，这是一种名为过度自信[6]的认知偏差。尽管所有这些偏差的程度和确切性质一直是争论的焦点，但每个人都了解其根源。人类推理能力有限，记忆容易出错，不能充分考量海量数据，也不能同时权衡各种因素的影响。通常情况下，启发式和偏差十分可靠，但一旦它们导致决策偏见时，以上这些缺陷就越发明显了。

偏见（prejudice）是因支持或反对特定事物、人或群体而做出的有偏决定；但不是所有有偏决定都是偏见。拒绝让幼儿开车是一种偏差，但并不是偏见。那么，是什么让偏差变为偏见的？学术界对偏见的定义各执一词。第一种观点认为这是由对概率估计不足而造成的非理性认知[7]。例如，你所遇到的邻村村民似乎每个都很粗鲁，即便这些人只占了邻村人口的一小部分，你也会认为邻村村民都很粗鲁。第二种观点则认为偏见是一种道德过失，源自对群体推理方式的疏忽，特别是当偏见能够解释对自己有利的行为时。[8]第三种观点则认为偏见是一种非概率性一般推理所产生的副作用，这种推理是建立在心理结构中的，通常在我们躲避看起来很凶的狗和远离看起来"不正常"的食物时发挥效力。[9]最后这种观点似乎极具说服力，因为它正确地预示了许多偏见是无意识的，并强烈抵制反驳。

以上观点的共同之处在于，在复杂的生活环境中，人类无法利用有限的信息做出客观推理，因此才会产生偏见和随之而来的歧视。偏见之所以愈发严重，是因为决策的客观性深受个人情绪的影响。[10]像恐惧这样的消极情绪特别容易催生偏见。人类之所以能取得诸多成就，原因便在于创立了弥补认知缺陷的理论和制度，如哲学和历史分析、律法创制、科学方法、现代数学、统计学和逻辑学原理等等。在人类历史的大部分时间里，这些通常更准确客观的推理类型范围有限，使用者也以专家为主。但现在这些思想制度正广泛用于各种操作简便的设备中，为每个人提供客观准确的决策。

## 拯救者：人工智能

专家系统也许是第一个真正成功的人工智能。这些设计是为了模仿特定领域专家的思维方式，如医疗诊断。在 20 世纪 70 年代和 80 年代，大量科学研究围绕专家系统开展，但由于多种原因，专家系统从未真正发展起来。其生产成本极高，而且最重要的是只能在严格定义的规则框架内模拟推理。人类的绝大多数推理都是建立在概率、可能性、风险和回报基础上的，而不是被圈定在严格的确定性规则之内。前面提到的所有启发式思维和认知偏差都是为了帮助我们对概率和价值进行推理。事实上，得益于这种推理模式，人类才成为如此成功的物种。因此人工智能之所以能在商业上大放异彩，是因为创造出了能够学习概率的系统，这完全在意料之内。

人们为何寄希望于现代人工智能工具来最大限度地减少偏差？这是因为人工智能具有性能、速度和准确性上的优势，无须使用快速、省事的经验法则。人工智能可以分析大规模数据。相比于人类，人工智能在决策时会考察更多因素。它不容易出现人类常犯的统计推理错误，也不会使用与刻板印象相关的一般推理。最重要的是，它基于概率论，不受私人情感影响。然而，出乎意料的是，反对者一直坚持认为将人工智能运用到政府、商业和日常生活中会加剧不公平和偏差，主要如下：①会延续或加剧现有的不平等现象[11]；②歧视少数群体[12]；③过度审查穷人和弱势群体[13]；④评估司法和警务等领域风险时，从根本上来讲并不公平[14]；⑤伪客观[15]；⑥没有采取现有的一些举措来防范种族、性别和其他歧视性推理[16]；⑦隐藏了开发者就阐释和分类人类现实生活所做的复杂决策[17]；⑧从根本上扭曲了商业[18]、政治[19]和日常生活[20]的本质。

在本章中，我们将解释和评估这些指控，论证其中最致命的指控。有些指控批评人工智能使用概率推理不当，显然这一问题可以解决。

## 排除人为干扰

日常中人类的决策足够准确，不过鉴于上文探讨的一些因素，人类的直觉判断在高风险环境下并非足够可靠（谁需要做心脏搭桥手术？将谁关进监狱？）。此外，人类有个人喜恶和亲疏远近之分，容易受到个人欲望的影响（俗称*愿望思维*）。随着不断进化，人类倾向于将个人利益放在首位，其次是近亲的利益[21]，最后才是社会群体的利益。[22]在高风险情况下，我们采用各种方式解决这个问题。因此我们设立了陪审团和董事会，借以降低个人偏好的影响。当社会工作者使用复选框表格来评估个人风险时，就是在采用结构化决策。许多情况下，我们要求法官等专家决策者列出其推理过程。但所有这些机制都十分笨拙，容易出错，且具有欺骗性。如第 2 章所述，人类善于将自己的决策合理化，使其推理看起来比实际上更高尚、更明智。令人惊讶的是，在提高决策客观性方面，即便对无意识偏差的危险性进行预警，也毫不起效。即使是使用结构化决策工具（如复选框表格）的专业人士，为达到直觉上认为正确的结果，也会在填写此类表格时作弊。[23]因此，人工智能的其中一个保证是，在这种高风险的情况下，可以把人类剔除，用可靠公正的算法取而代之。但把人类偏差从人工智能中剔除并不像听起来那么简单。机器学习十分强大，但决定如何建立和训练这种系统的还是人类，而这些过程都有可能存在偏差。因此，第 2

章中所提及的"过程"透明度非常重要。

计算机科学家们倾向于认为，从本质上讲，偏差并非一件坏事。它既是人类思维的一部分，也是现代机器学习系统之所以如此成功的关键之一。购物记录的数据模式反映了消费者的阅读偏好，亚马逊利用这一点，成功预测了消费者接下来喜欢阅读什么。我们借助这种偏差，可以开发出算法，用于社会分类、市场细分、个性化定制服务、推荐服务、交通流量管理等方面。但是，在研究如何成功利用数据中的偏差时，还有很多问题需要解决。

在无监督机器学习领域，开发者必须决定要解决什么问题。如果我们正在开发一个求职者评估系统，就需要了解使用该系统的公司正在面临的人力资源挑战，并确定这些挑战的优先顺序。所需技能和职位描述之间是否普遍存在不匹配？员工离职率是否过高？工作环境是否需要更加多样化？一旦确定要解决的问题，开发者就要诊断相关数据集的模式。最终成功与否，根本上取决于用哪些数据来训练系统。如何收集和组织数据？数据集是否足够多样化？能否提供该算法使用者和被评估者的准确信息？一个设计用来检测芝加哥地区犯罪活动的系统能成功部署在纽约吗？孟买呢？

在有监督机器学习的领域，我们通过告诉其正确答案来训练该算法。要做到这一点，我们必须从识别成功标准开始。如果是在训练面部识别系统，这很简单，但如果是开发约会应用程序呢？为了判断成功与否，我们需要了解用户想从约会应用程序中得到什么。人们是在找寻人生伴侣吗？如果是这样，人们提供给应用程序的信息和关系持久性之间是否存在可利用的相关性？毫无疑问，从这个角度来判定哪些是"好的"约会存在很大分歧，因为不同的人对人生伴侣的期望不同。但数据中也许会存在一些相关性。如果没有，我们是否应该降低预测目标（也许可以预测再约会率而不是预测人生伴侣），从而决定不考虑那些寻求长期亲密关系的人的利益？算法工具所有者会向用户披露他们服务于谁的利益吗？

以上所有关于算法开发的选择，都会进一步受到用户选择的影响，既受到用户与人工智能互动方式的影响，又受到用户对算法决策结果解读的影响。尽管人工智能在预测和检测任务方面不断进步，但研究人员和记者惊奇地发现，在很多方面，人工智能会延续劣势，对偏离总体均值的少数群体和个人造成伤害（数据科学家称之为"统计异常值"）。

## 总结过去，预测未来

"预测很难，尤其是预测未来。"著名棒球运动员尤吉·贝拉（Yogi Berra）如此说道。完全正确！我们只能通过总结过去的经验来对未来做出准确预测。不可避免地，这些信息不完整且质量参差不齐。当我们试图在人工智能中模拟人类预测时，往往意味着这些算法是由我们试图改进的、同样直观且有时带有偏见的人类决策聚合而成的。如果依靠群众智慧，汇聚人类决策可能会成功；但群众并不总是明智的。当各色人群汇集在一起时，很容易犯一些随机错误，如果平衡他们的判断，就可以有效减少这些错误，这时群众智慧是最准确的。针对这一点，弗朗西斯·高尔顿（Frances Galton）在 1908 年做了一场著名的论证实验。他有奖邀请普利茅斯县集市上的路人猜测一头牛的重量，并将所有人的猜测结果取平均值。为达到实验效果，所有猜测必须是相互独立的，"聪明"的猜测者不能影响其他人。[24]如果猜测者可以自由照搬其心目中聪明绝顶、知识渊博的人的猜测，就不会得出准确估计。如果每个人所犯的错误不随机，群众智慧也会失效。[25]即便能保证猜测独立，也容易产生共享偏差。例如，如果人类通常估计深色动物比浅色动物更重，那么即便对该县集市上的这些猜测取平均值，结果也是有偏差的。

以上群众智慧失效的情境展现了一个重要问题：开发汇聚人类直觉和估测数据的风险预测模型具有危险性。正常的人类决策充满认知偏差，这些认知偏差有时会导致系统性偏见。这正导致了群众的不明智。因此，汇总大量个体直觉而开发的算法，可能会出现与人类相同的系统性偏差，而这是我们一直试图避免的。当然，机器学习系统正在做的事情比求取平均值复杂得多。然而，输入有偏差的数据，就会产生有偏差的结果。在警务中使用风险预测模型时，此类风险最为明显。

预测性警务采用人工智能来识别可能需要警察干预的目标，预防犯罪，并破获旧案。其中最有名的代表是 PredPol，经由洛杉矶警察局与加利福尼亚大学圣选戈分校的一群犯罪学家和数学家合作研发，于2006 年投入使用。2012 年 PredPol 公司成立，现在其软件应用于全美60 多个警察局[26]，在英国也同样投入使用。PredPol 可以预测未来可能发生犯罪的地点，帮助资金紧张的警察部队分配资源。预测结果以高风险犯罪"热点"的形式实时显示在谷歌地图信息窗口的红框中。每个红框覆盖150 平方米的区域。

当前，警务预测行业蓬勃发展，PredPol 迎来了 Compustat 和Hunchlab 等竞争对手，它们正竞相纳入所有自认为可以帮助警方事半功倍的信息。Hunchlab 现在包含风险地形分析，其特色是将自动取款机和便利店等已知小规模犯罪地点纳入其中。[27]从表面上看，这种证据驱动的预防犯罪方法似乎十分明智、令人赞叹。它并不关注个人，也不了解种族问题，只收集犯罪统计数据和广受认可的犯罪学结果（例如，房子被盗的可能性受到近期周围盗窃案发生频率的严重影响）。

从表面上看，这些软件很客观，但实则具有欺骗性。和警察一样，它们也受到同样问题的困扰。警察必须判断如何才能最好地预防犯罪，但他们掌握的犯罪发生率的信息并不完整，依赖于犯罪报告、逮捕和定罪等统计数据。许多类型的犯罪就其性质而言，很难检测。判断是不是抢劫很容易，但甄别是不是诈骗就比较困难了。一直以来，很少有报告分析家庭暴力等其他类型的犯罪。当然，许多犯罪报告也并不会阐述对犯罪嫌疑人的逮捕和后续定罪。这意味着，预测性警务工具所收纳的犯罪数据往往会受个别警官直觉判断的影响，如去哪里，与谁交谈，哪些线索需要跟进等等，这种情况十分危险。评估这些直觉判断的客观性将是一项艰巨的任务。因此，尽管预测性警务听起来很科学，而且 PredPol 等公司制作的犯罪地图看起来公正客观，有数据支撑，但不得不承认，我们无法判断此类工具的分析结果究竟有多客观。不出所料，虽然 PredPol 声称只使用了三个数据点（犯罪类型、犯罪地点和犯罪日期或时间），进而避免了侵犯隐私或公民权利的可能性，但这并未取信于民权组织。针对这一问题，美国公民自由联盟（American Civil Liberties Union）协同其他 14 个民权和相关组织发表的联合声明如下：

> 预测性警务工具可能会给亟待根本性变革的机构打上不公的印记，引发误解。为维持现状而设计的系统在美国警务工作中没有一席之地。记录曾发生犯罪的地点和时间或者社区和警官拨打 911 电话的模式，这些用来支撑预测性执法活动的数据非常有限且失之偏颇。[28]

我们很容易认为，预测工具所依赖的数据受人类直觉污染的问题虽然存在，但随着警方更多使用统计学精确算法，减少对个人直觉的依赖，此类问题会逐渐消失；但基于系统偏差数据集开发风险预测模型的实际效果可能反而会引入偏差，而不是让偏差逐渐消失。克里斯蒂安·卢姆（Kristian Lum）和威廉·艾萨克（William Isaac）的研究表明，预测性警务模型所预测的犯罪很可能来自警察早已认定的犯罪热点地区。[29]随后，警察将着重在这些地区巡查，观察有无犯罪行为，从而验证警察此前对犯罪高发地区的判断。这些新观察到的犯罪行为反馈到算法中，产生越来越多的有偏预测："由此形成反馈回路，预测模型变得越来越有信心，认为最有可能发生犯罪活动的地点正是之前圈定的犯罪高发地：选择性偏差+验证性偏差。"[30]

这些问题并非不可避免，也不是说预测性警务策略毫无用处。我们希望高风险决策由数据驱动，而风险预测模型在基于这些数据进行预测时可能会更准确、可靠。与警务工作一样，问题在于获取更好的数据。从根本上讲，同样的问题也冲击着其他决策算法，这些算法涉及银行贷款发放、医疗程序、公民权利、大学招生、求职就业以及许多其他方面。因此，这是一个好兆头，人们正在投入大量精力开发相关工具和技术，来检测现有数据集中的偏差。截至 2019 年，包括谷歌、Facebook 和微软在内的大型科技公司，都宣布计划开发偏差检测工具，不过值得注意的是，这些都是

"内部"的。从外部审查这些公司开发的人工智能偏差可能会更有效。也就是说，特别是在像警务这样的领域，检测偏差只是开始。许多国家已经知道，他们的逮捕和监禁统计数据存在严重的少数族裔偏差。最大的问题在于，能否重新设计预测性警务模型，包括修改模型使用规则和源数据收集规则，从而至少不会使"犯罪猖獗"的贫困社区雪上加霜？

对此，政府和公民可以做的最重要的一点是：承认并宣传那些存在"输入偏差/输出偏差"问题的算法的危险性。然后，需要优化产品来最大限度地减少这类偏差，这符合算法开发者和所有者的利益。大家都必须认识到人工智能的预测能力只取决于其驱动数据。我们也有一定义务，即努力做一个精明的消费者和选民。

为了更好地理解如何解决算法偏差，我们需要弄清楚人类偏差如何潜入人工智能的研发过程。算法偏差的分类有很多种，在这里我们将其分为三类：*研发*人工智能中存在的偏差，*训练*人工智能中存在的偏差，以及在特定情况下*使用*人工智能时存在的偏差。

# 内 置 偏 差

人类的偏差既包含与生俱来的，又包含后天习得的。其中一些是合理的（如"吃饭前应该洗手"），而另一些明显是错的（如"无神论者没有道德"）。人工智能同样也有固有的和习得的偏差，但产生人工智能内置偏差的机制不同于产生人类心理启发式和认知偏差的进化机制。

一组机制源于决策，这些决策指明如何利用人工智能解决实际问题。这些决策往往包含了程序员对世界运行的期望，这些期望有时带有偏差。想象一下，当前任务是为房东设计一个机器学习系统，帮助他找到好的租客。如何找到好的租客？这一问题很明智，但应去哪里寻找数据来回答它？你可能会选择使用许多变量来训练系统，包括年龄、收入、性别、当前的邮政编码、上过的高中、偿付能力、性格和饮酒量等。撇开饮酒等经常误报的变量以及性别、年龄等法律禁止作为歧视性理由的变量，变量的选取在某种程度上取决于你个人对影响租客行为因素的认知。这种个人认知会在算法输出中产生偏差，特别是，若开发者忽略了其他能预测租客好坏的变量，可能会误将好的租客认为是坏的租客，从而损害其利益。

在决定如何收集和标注数据时，同样的问题再次出现。算法使用者通常不会看到这些决定。有些信息被视为商业敏感信息，有些则会被遗忘。当专门设计的人工智能换作他用时（比如用信用评分评估员工适配性），未能记录潜在偏差来源可能会引起较大问题。将人工智能从一种环境迁移到另一种环境时，会产生内在危险，最近被称为"可移植性陷阱"（portability trap）[31]。之所以称之为陷阱，是因为它有可能降低改变用途后算法的准确性和公平性。

另外一个例子就是 TurnItIn 系统。当前大学使用的反抄袭系统有很多，它就是其中之一。其开发者指出，该系统搜索了 95 亿个网页，包括常见的研究来源，如在线课程笔记和维基百科等参考工具。它还在维护一个论文数据库，收纳了以前在 TurnItIn 提交的论文，据其营销资料所述，该数据库每天论文新增量超过 5 万篇。该系统通过将学生提交的论文与数据库信息进行比对，以检测是否抄袭。当然，如果将一篇论文与许多其他学生撰写的相同学术主题的论文相比较，相似之处不可避免。为解决这一问题，开发者选择了对比后相对较长的字符串。然而，来自兰卡斯特大学的组织、技术和伦理学教授卢卡斯·英特罗纳（Lucas Introna）声称 TurnItIn 存在偏差。[32]

TurnItIn 的设计初衷是为了检测抄袭，但事实上所有文章都含有类似抄袭的内容。释义（paraphrasing）是指用自己的话转述别人的观点，向阅读者证明自己了解这一观点。事实证明，母语者和非母语者在释义时存在差别。学习新语言的人在写作时为确保用词和表达结构正确，往往使用熟悉甚至冗长的文本片段。[33]换句话说，非母语者的释义往往包含较长的原文片段。这两类人都是在释义，而不是在抄袭，但是非母语者的抄袭分数一直都很高。因此，虽然该系统希望在一定程度上避免教授因学生性别和种族而产生无意识偏差，但因其处理数据的方式，似乎无意间产生了一种新的偏差。

长久以来，一直存在为了商业利益而专门设计出的内置偏差。人工智能历史上最伟大的成就之一当数推荐系统的研发，它可以快速有效地为消费者找到最便宜的酒店、直达航班或最符合心意的书籍和音乐。这些算法设计不仅仅对在线商家来说很重要，对所有商家来说皆是如此。如果在设计该系统时并没有将某家餐馆纳入推荐范围，那么该餐馆的生意肯定会受到冲击。推荐系统在其所在行业越是地位稳固，越是有效强制，其问题就越严重。如果推荐系统所属公司同时拥有其推荐范围内的一些产品或服务，就会产生危险的利益冲突。

20 世纪 60 年代，这一问题被首次记录在案，出现在 IBM 和美国航空公司（American Airlines）联合开发的 SABRE 机位预订和航班安排系统上。[34]与手持座位图和图钉的呼叫中心操作员相比，这是巨大的进步，但人们很快发现，用户希望有一个系统能够比较一系列航空公司提供的服务。由此诞生的推荐引擎的后续产品至今仍在使用，推动了 Expedia 和 Travelocity 等服务的发展。美国航空公司并没有忘记，他们的新系统实际上是在为其竞争对手的商品做广告。因此，他们开始研究如何展示搜索结果，使用户能更多地选择本公司的产品。结果是，尽管该系统囊括多家航空公司信息，但却存在系统偏差，使用户的购买习惯偏向美国航空公司。工作人员称这种策略为*屏幕科学*。[35]

很快便有人注意到美国航空公司的屏幕科学。旅行社很快发现 SABRE 的首推总是比首推之下的推荐更差。最终，国会传唤美国航空公司的总裁罗伯特·L. 克兰德尔（Robert L. Crandall）去作证。令人惊讶的是，克兰德尔毫不悔改，他声称："优先显示我们的航班，以及相应地增加我们的市场份额，是当初创建 SABRE 系统的竞争理由。"[36]克兰德尔的辩词被称为"克兰德尔抱怨"，即"如果算法不对自己有利，为什么还要建立和运行这样一个昂贵的算法？"

回过头来看，克兰德尔抱怨似乎相当奇怪。推荐引擎盈利的方式有很多种，不必通过有偏差的结果来获利。尽管如此，屏幕科学并没有消失。

现在仍有指控说，推荐引擎偏向开发商自己的产品。本·埃德尔曼（Ben Edelman）汇集所有研究，通过这些研究发现，谷歌在搜索结果中的突出位置推广自己产品，包括谷歌博客搜索、谷歌图书搜索、谷歌航班搜索、谷歌健康、谷歌酒店搜索、谷歌图片、谷歌地图、谷歌新闻、谷歌本地服务、谷歌+、谷歌学术、谷歌购物和谷歌视频。[37]

推荐系统有意设置的偏差不仅影响其推荐内容，还会影响所推荐服务的收费情况。个性化搜索使公司更容易进行*动态定价*。2012 年，《华尔街日报》的一项调查发现，一家名为 Orbiz 的旅游公司采用的推荐系统似乎向 Mac 用户推荐了比 Windows 用户更贵的住宿。[38]

## 学 习 谎 言

2016 年，微软推出了人工智能聊天机器人，可以与推特用户进行交流。这个名为 Tay（代表"想你"）的机器人可以模拟 19 岁的美国女孩的语言模式。它是一个复杂的学习算法，可以讲笑话，并且看起来对人和各种观点有自己的想法。[39]最初，实验进行得很顺利，但几个小时后，Tay 的推文变得越来越具有攻击性。其中一些谩骂是针对个人的，包括奥巴马，还包含对事件和种族的虚假言论和煽动性言论。在微软将它关闭前的 16 个小时和 9.3 万条推文中，Tay 呼吁进行种族战争，为希特勒辩护，并声称犹太人策划了"9·11"事件。[40]

微软对出错原因的解释仅限于"一部分人利用 Tay 中的一个漏洞，对它发起联合攻击。虽然我们已经准备好应对系统的多种滥用，但这次攻击是我们的严重疏忽"[41]。毫无疑问，Tay 受到了故意提供虚假和攻击性信息的网络"喷子"的攻击，但更重要的问题是，Tay 没有能力辨别谁是"喷子"。它被设计用来学习，但微软提到的漏洞使其无法评估所接收的信息的质量。当然，它并不具备一个真正的青少年所拥有的认知复杂性、社会环境和教育背景。简而言之，Tay 是一个学习者，但不是一个*思想者*。

正如我们在序言中提到的，有一天我们可能会发明一个通用的人工智能，能够理解自己的话语，并拥有一定的复杂性，进而能够评估所收到数据的真实性。但目前人工智能还没有达到这一水平，并且未来可能还有很长的一段路要走。在那之前，我们只能用狭隘的人工智能，完全依赖人类提供准确的相关数据。以下便是几种人工智能可能误入歧途的情况。

显然，Tay 并不是 2016 年互联网上的唯一受骗者。从交友网站的谎言到猫途鹰（Tripadvisor）上的酒店虚假评论，不乏乐于向推荐引擎提交虚假信息的人。尽管机器学习在检测网络谎言方面取得了进展，但对于依赖用户贡献内容聚合的网站，至少那些更精明的用户对其表达的观点仍保持怀疑态度。

更令人担忧的现象是，有些训练集包含的数据只准确代表了一部分人，但并不能代表整体，这就是我们此前提到的"选择"（或"抽样"）偏差。最近有一个著名的相关案例，尼康（Nikon）相机的亚洲用户抱怨，相机软件总是误认为他们在眨眼。[42]对于像亚马逊的 Alexa 这样依靠语音识别技术的软件，用户也有着相似的抱怨，认为它们在识别一些口音时不准确，对西班牙裔和华裔美国人的语音识别能力尤其差。[43]

这些问题在高风险环境中会产生严重后果。现在，经常使用面部识别系统对闭路电视摄像机画面进行评估，该系统已证明对其训练数据的种族和性别多样性十分敏感。[44]当这些算法使用犯罪数据库进行训练并用于执法时，它们在识别不同人群面孔的能力上出现偏差，这毫不奇怪。它们识别男性的频率高于女性；识别老年人的频率高于年轻人；识别亚洲人、非裔美国人和其他种族的频率高于白人。[45]因此，更可能会对女性和少数族裔进行错误的指控或不必要的质询。

我们是不是对面部识别算法的开发者太苛刻了？毕竟，类似的问题在人类识别人脸时也会发生。"异族"效应是指人类更善于识别同种族的人脸。因此，问题不在于人工智能会犯错，因为人类也同样会犯错。[46]问题在于，这些系统的使用者可能倾向于认为它们没有偏差。即使意识到了选择偏差等问题，使用者可能仍然无法识别工具中偏差的强度和方向。

但并非全是坏消息。经过良好训练，这些系统可以比人类做得更好。

我们可以用很多方法提高算法训练数据的多样性和代表性。尽管反歧视法和知识产权法（如图片版权）在收集和处理高质量数据方面困难重重，但这些困难并非无法克服。[47]当系统购买者或使用者有意询问开发人员如何确保其公平性时，这些问题也可以得到解决。

## 使用环境中的偏差

据 2015 年的一项研究，谷歌的广告精准投放系统在求职网站上向男性求职者展示更高薪的工作。[48]这种算法也许存在内置偏差，或者其训练数据集可能存在需要解决的选择偏差。但撇开这些问题不谈，很可能还存在其他问题，即一些更微妙但（在某种程度上）很明显的问题。所有的国家都存在性别工资差别。该系统可能已经*正确*检测到一个事实，即女性平均薪酬低于男性。但其无法检测到的是，这一事实并不公正。女性薪酬不高与她们无法胜任高薪工作没半点关系。相反，这反映了社会现在才开始系统性解决的性别刻板印象、歧视和结构性不平等问题。这些案例可以启迪那些开发和部署预测性算法的人。他们应该意识到，特定情况下使用"中立"技术会延续现有的不公正模式，甚至使其合法化。随着社会变化，使用算法时需对这些变化保持敏感。

可悲的是，这样的问题难以解决。当然，我们可以从这类算法的训练数据集中去除性别和种族等变量，但在数据集中去除这些因素的*影响*则要困难得多。PredPol 的开发者有意避免将种族作为预测未来犯罪地点的变量，但 PredPol 关乎地理，而地理与种族密切相关。数据科学家会说，地理是种族的*代理变量*，所以使用这种系统的结果往往是将警察的审查重点放在少数族裔社区。

## 人工智能能否做到公平？

Northpointe 公司（现为 Equivant 公司）称其开发的 COMPAS 为"风

险和需求评估工具"，美国各地的刑事司法机构用其来"为罪犯安置、监督及案件管理提供决策信息"[49]。它包括两个主要风险预测模型：一般罪犯累犯风险预测和暴力罪犯累犯风险预测。其研发细节涉及商业机密，但可知的是，它给罪犯们发放了一份冗长的调查问卷，其中 1 到 10 的评估分数代表不同的风险等级。该评估分数应用于多种司法情境，如影响监禁地点和释放时间的决定。

2016 年，独立新闻组织 ProPublica 对佛罗里达州布劳沃德县的一万多名刑事被告进行了为期两年的研究，比较了其预测重新犯罪率和实际重新犯罪率。研究发现："黑人被告远比白人被告更有可能被错误地判定为具有较高的重新犯罪风险，而白人被告比黑人被告更有可能被错误地标记为低风险。"[50]

Northpointe 强烈否认这一指控，声称 ProPublica 犯了多种技术错误（ProPublica 否认了这一点）。Northpointe 还辩称，ProPublica 没有考虑到黑人罪犯重新犯罪较多的事实。ProPublica 对此不以为然。美国黑人更有可能陷入贫穷，受教育机会更少，更可能生活在犯罪率高的社区，工作机会更少。如果这些事实能部分解释他们较高的重新犯罪率，那么算法通过减少假释机会来进一步惩罚他们似乎就显得不公正。很显然，从根本上说，Northpointe 和 ProPublica 的争论焦点在于如何使 COMPAS 这样的算法变得公平，它们在此问题上存在分歧。

诚然，我们可以开发出从某种意义上讲"更公平"的算法。然而，挑战在于，对算法公平性的解释众说纷纭、相互矛盾、众口难调。在机器学习界，常见的公平性定义有以下三种。

一是反分类（anti-classification）。确保决策时不考虑种族和性别等受保护属性（以及这些属性的代理）。

二是分类均等（classification parity）。确保某些常见的性能预测指标（如假阳性率和假阴性率）在受保护属性定义的群体中是相等的。

三是校准（calibration）。确保风险估计独立于受保护属性，在所有群体中表示相同含义。例如，在不同种族、性别或其他受保护属性的群体，一个高重新犯罪风险分数，应该表示相同的重新犯罪可能性。

用一点高中代数来分析就不难看出，当像重新犯罪等现象的发生率（或"基准率"）在不同人群（如种族群体）中呈现不同结果时，根本无法同时满足所有这些标准，其中一些标准是相互排斥的。[51]因此，尽管Northpointe 可以通过证明 COMPAS 是经过良好校准的（无论对何种群体，风险分数都是一样的）来为其辩护[52]，但 ProPublica 还是能够声称COMPAS 是有偏差的，因为它不满足分类均等（具体而言，是指*错误率平衡*，即假阳性和假阴性的比率在不同群体中是相等的）。正如我们所看到的，ProPublica 发现，使用 COMPAS 评估时，黑人比白人更有可能被错误地归类为高风险（所以假阳性率在两个群体中不同），而白人比黑人更有可能被错误地归类为低风险（所以假阴性率在两个群体中不同）。事实是，如果基准率不同，你就不能同时满足校准和错误率平衡，当然，由于各种原因（包括历史上的偏见性警务模式），美国黑人和白人人口的累犯基准率*确实*不同。

在公平性和准确性之间也有权衡。例如，在 COMPAS 案例中，反分类要求所使用的数据不包含种族的任何代理变量。如上所述，种族与人们的许多重要事实密切相关，包括收入、教育成就和地理位置。因此，去除这些变量可能会使算法的准确性大打折扣，从而降低效用。

最近，数据科学相关研究表明，这些不同的公平概念之间的冲突并不局限于 COMPAS 案例，也不总是由算法开发者的设计失误所导致的。这些对公平的不同描述在逻辑上就是不相容的。正如学者们所指出的："从数学上讲，任何算法或人类决策者的公平程度都有限。"[53]这些冲突也不仅是纯粹的技术问题，同样也是政治问题。如何在不同的公平标准之间做出选择？这需要进行知情讨论和公开的民主辩论。

# 结　语

本章列举了人工智能可能出现偏差、不公和危害的各种方式，其数量令人惊讶，这可能对人工智能开发人员并不公平。然而，我们不是卢德派，也无意将人工智能本身描绘成问题所在。本章提出的许多问题不但影响人工智能，也以同等程度影响人类推理。反分类、分类均等和校准的不相容性首先是一个有关公平的事实，而非人工智能。人类对公平决策的直觉是相互矛盾的，这种矛盾反映在将这些直觉形式化的统计规则中。同样，算法偏差是依附于人类偏差的，而且，甚至可能在某些方面，人类偏差的影响比算法偏差更恶劣。导致人类偏见的那种一般推理不仅有害，而且非理性、无意识，对反面证据不敏感。相比之下，人工智能产生的许多偏差可以被检测出来，并且至少在原则上是可以补救的。尽管如此，几乎没有什么简单的补救措施。算法不可能保证完全公平，而像反分类这样增强其公平性的方法却降低了算法的准确性。

所以，决定权在我们手中。作为消费者和选民，我们需要在众多人工智能应用领域中找出想要的公平性。当然，这意味着我们必须确定能忍受多大程度的不公平。

# 4

# 责任与义务

随着计算机系统智能化水平不断提高，不断有人宣称其会剥夺人类责任，十分令人忧虑。在国际上，关于使用致命性自主武器系统（lethal autonomous weapons systems，LAWS）的讨论有力证明了其中的利害关系。当武器系统由复杂且可能不透明的机器学习技术驱动时，一旦这种武器系统在无人协助的情况下决定攻击目标的时机，对于这种系统参与的战争，追究人类的战争罪责是否还有意义？显然，战争中的决策都攸关生死，但类似担忧也会出现在诸如司法、交通、医疗保健、金融服务和社交媒体等其他领域。在这些领域中，可能不会直接危及生命，但先进系统仍然可以对人和社会产生重大影响。如果人工智能技术可以在无人直接干预下决策，而又因决策内容过于复杂或快速，人类无法适时理解、预测或改变，那么是否还能让人类对这些系统负责？是否*希望*让他们负责？还有其他选择吗？*机器*可以负责吗？

责任到底*是*什么？人工智能的哪些特质挑战了现有的责任分配方式？责任是否会简单地消失？它是逐渐消失，还是另有隐情？本章将探讨其中一些问题。首先，将解读一些不同意义上的责任，如道德和法律责任。其次，将强调技术如何在总体上影响这些不同意义的责任。最后，将聚焦作为一种特殊技术的人工智能，其在发展过程中引发了对各方面责任的讨论。

# 剖 析 责 任

绝大多数人自认为知道什么是责任。在道德哲学、法律学术甚至是日常对话中，这个词经常与"负责"（accountability）、"义务"（liability）、"可谴责性"（blameworthiness）、"职责"（obligation）和"职守"（duty）等词交替使用[1]。请看哲学家哈特（H. L. A. Hart）对一位船长（虚构人物）的一小段描述。

> 身为船长，[他]对乘客和船员的安全负责。但在上次航行中，他每晚都喝得酩酊大醉，要对船上所有人的损失负责。有传言说他疯了，但医生认为他要对自己的行为负责。整个航行过程中，他表现得相当不负责任。纵览其职业生涯中的各种意外，他本就不是个负责任的人。他始终坚持认为，不期而至的冬季风暴才应为船舶受损负责。但在对他提起的法律诉讼中，认定他要对自己的过失行为负有刑事责任；而在附带民事诉讼中，认定他对生命和财产损失负有法律责任。他仍然活着，对许多女性和儿童的死亡负有道义上的责任。[2]

这虽然不是个有趣的故事，但也不错，生动地阐明了其观点：责任是一个复杂、多层面的概念。它可以指因果贡献（如冬季风暴导致船舶受损），也可以指用于法律责任归属的正式机制；它可以用来描述一种性格特征，也可以用来描述船长这一职业所带来的义务和职责；它可以蕴含以上所有含义和其他意义。从本质而言，责任是分散的。很少能将某一事件单独归结为一个人或一个因素。如果醉酒的船长有酗酒历史，为什么还允许他当船长？为什么这一点没有被发现？是谁批准了该船长的安全资格？谁设计的筛选方案？

本章并非要阐述哈特故事中所探讨的所有责任形式，而是重点将从道德和法律角度阐述责任的概念。因为可以这么说，人工智能正是在这些点上出现了问题。首先来思索它们的不同之处。

首先，道德责任通常具有（但不总是）*前瞻性*，而法律责任通常具有

（但不总是）*回顾性*[3]。这一点很关键，因为这两种责任形式之间的许多差异都可以追溯到这一关键性差异。*何为前瞻性？何为回顾性？*

当涉及个人可能承担的未来责任和义务时，责任是前瞻性的。在人际关系中期待一定程度的关怀和礼貌很正常。每当我们坐上汽车，就承担了各种义务——有些是对行人的义务，有些是对驾驶员的义务，有些是对公共和私人财产拥有者的义务。在工作场所，我们希望能得到一定程度的专业礼遇。在商品和服务领域，我们自然期望制造商会关注施工和装配安全。在自主系统方面，我们自然期望软件工程师在配置程序时能考虑到某些设计决策的风险。如果他们知道一个信用风险评估工具很有可能对某一特定人群造成不公平的伤害，他们就有责任——即使不是法律上的责任，也肯定是道德上的责任——调整系统，减少引发不公平偏差的风险。这种前瞻性责任涉及的都是发生在未来的事情，是指导手册、专业守则、规章制度、培训计划和公司政策中的基本内容。

回顾性责任则完全不同，它是对*已*发生事件的责任。如果发生事故，将会追溯责任链，来判断过错方，让其对自己的行为负责。回顾性责任往往导致法律责任（见下文），或其他一些正式或非正式的清算。

那么，道德责任和法律责任还有哪些不同之处？让我们退一步来说。

思考*任何*一种责任的一个有用的方法是仔细考虑它实际应用于何种关系，以及如何分配每个人应担负的责任。毕竟，从根本上来说，责任是一个关系性概念——它涉及我们对彼此的亏欠，以及对我们的伙伴提出的合理要求。

简单拆解后，责任关系可分为以下几类：

● *施动者*（agent）是执行行动的个体（或团体）。

● *受动者*（patient）是指接受或在某种程度上受到行动影响的个体（或团体）。

● *裁判机构*（forum）是决定责任人的个体（或团体）（可以是反思自己行为的施动者，但也可以是法官、公众或其他实体）。

● *执行机制*（enforcement mechanism）是记录谴责或批准的手段（法

院根据普遍认可的裁决标准批评或表扬，甚至可能是惩罚）。

以上四者之间的不同组合导致在特定关系中期望责任的种类不同。例如，我们会看到，根据所处情景，法律追责经常在施动者和受动者之间跳来跳去。然而，我们首先应考虑道德责任。

在传统的道德哲学中，道德责任坚持以人为本。[4]特别是在自由民主制国家，人们普遍认为人类拥有自主权和自由意志，这是承担道德责任的基础。这种能力使我们有别于机器和动物。尽管应该对人类的自主性大加赞美，但也*有*附带的条件。正因为我们可以为自己做决定——假设没有人强迫或胁迫我们做其他事情——我们就*必须*为自己的选择承担后果。换句话说，自由选择意味着责无旁贷。

自主性是判断道德责任归属的必要条件（我们将在第 7 章中进一步解读），但在道德哲学中还经常讨论另外两个条件。[5]一是施动者的行为与事件的结果之间应该有因果关系；二是施动者必须能预见其行为产生的可预测性后果。要担负道德责任，一个人应该主动去改变世界上事件的结果，从而（在某种程度上）预见其行为可能产生的后果。当某人不知道其行为会造成什么伤害时，指责他们就根本不合理。

这三个条件究竟意味着什么？怎样才能满足这三个条件从而确立责任？这在道德哲学中一直存在争议。这里存在很多开放性问题。我们*真的*可以自由行动吗？还是要由本性、教养和文化决定？我们*真的*能控制事件的结果吗？我们能对事件的结果了解多少？不过，这些争论有一个共同特点：以施动者为中心。在这一点上几乎没有分歧。争论的焦点是何种条件下才能合理地追究施动者的责任，如拥有健全的心智。人们往往看不到受动者，或者只是简单地将其当作一个被动的、不相干的、没有独立影响的因素而忽视。同样，裁判机构也是一个抽象的、无足轻重的实体——道德哲学家、提出建议的专家学者，或者是更广泛的道德团体。

某些种类的法律责任对责任关系有更广泛的看法。法律责任，一般称为"义务"（liability），与道德责任有关，并可能与道德责任重叠，但并非完全等同。某人可能需要负法律责任，而无须负道德责任。例如，在许多国家，在没有明确的道德错误证据的情况下，汽车司机可以对意外事故负法律责任。[6]事实上，"意外事故"（accident）这个词本身就表示了事件的任意性和偶然性——没有人真正应该受到责备。例如，假设开车时碰巧被蜜蜂蜇了，以致突然转向，撞上了迎面而来的车辆。如果被蜇的是眼皮，而且已经采取了所有合理的预防措施，这就是不可避免的，从道德角度来看没有人应受到指责。相反，我们可以认为社交媒体平台有道德责任来解决假新闻的问题，但在大多数司法管辖区，他们没有法律责任这么做，也不用为假新闻造成的伤害负责。

从某种程度而言，制定责任是为了规范公民行为。[7]因此，根据不同的法律制度和所规范的行为，责任具有不同的形式和规模。例如，刑事责任主要侧重于施动者的行为和精神状态（因此更像是道德责任），而民事责任则相对更强调对受动者造成的影响以及公平分配对伤害所承担的责任的需要。[8]

即便在民事责任领域*内*，侧重点也有所不同——仅仅知道一个案件是"民事"而不是"刑事"，并不能预测责任归属。以*过错责任*（fault-based liability）和*严格责任*（strict liability）为例。过错责任要求证明某人做错了某件事或没有做某件事。为了让一个人承担责任，需要有证据证明事件的结果与该人的作为或不作为之间有因果关系。我们希望制造商能确保他们销售的产品是安全的，不会造成伤害。如果一个微波炉有缺陷，若能证明制造商没有采取合理的预防措施来尽量减少伤害风险，可以要求制造商对该微波炉造成的任何伤害负责。然而，要确定作为（或不作为）与结果之间的因果关系可能很困难，这使得受害者很难获得伤害赔偿。这时，事件的责任将完全落在他们身上，许多人可能认为这不公平。

严格责任提供了一种方法来平衡可能由过错责任产生的不公平。尽管严格责任形式多样，但一般不需要过错证据。过错责任看的是施动者的行为和意图，以及他们对事件结果的控制程度，而严格责任则把注意力主要放在受动者身上。对于造成伤害的劣质产品，受害者只需证明该产品有缺陷并受到其伤害。受害人不需要证明制造商有过错，也就是说，无须证明制造商没有采取合理的预防措施来防止伤害，只需要证明产品有缺陷并对受害人造成了伤害。这种责任使受害者更容易得到赔偿，并将部分责任放在关系中的行为者身上，他们比受害者更有能力承担这些费用。

某些形式的严格责任甚至不需要识别个体受害者——受动者可以是一个群体、社会大众，甚至是环境，如人权问题。正如法律学者凯伦·杨（Karen Yeung）所说，任何对人权的干涉，如言论自由，即使没有明确的受害者，也会引起责任，而无须证明过错。[9]从施动者、受动者和全体社会角度出发，并考虑到伤害责任的公平分配问题，与道德责任相比，法律责任所触及范围更为广泛。

道德责任和法律责任的另一个区别是，道德责任通常针对个人，而法律责任也可以针对公司或企业集团的不当行为，这些组织机构有时要为损害消费者安全或违反环境保护法支付数百万美元的损害赔偿金或罚金，这种情况并不罕见。

最后一个重要区别是在确定法律责任时，制裁本身（如罚金、赔偿金等）以及判决机构（如法庭或地方议会当局）都是至关重要的考虑因素。在确定法律责任时，由*谁*来裁决以及裁决*内容*非常重要。如果一家公司犯了错，商业竞争者的谴责对违法者来说不会有太大的影响，而最高法院的裁决肯定会产生影响。在法律上，制裁也是最重要的。要记住的一点是，法律责任往往是一种回顾性的责任形式，施动者必须做出补偿。尽管这些制裁通常是针对违反前瞻性责任的行为而实施的，但重点在于清偿（惩罚）、放弃（交出非法所得）或归还（物归原主）。法律责任的这些特征并不总存在于道德领域——虽然必须承认，由*谁*站出来谴责道德过失对过失者来说固然重要（例如，与父母的责备相比，来自老师的责备可能对孩子们的影响更大），但道德制裁意义不大。当然，道德谴责也可能会产生一些社会后果，如排挤和名誉受损等等，但如50小时社会服务令一样，这些"制裁"通常不是正式、有计划或有组织的，更多时候，它们产生于人们被虐待时本能的怨恨。

## 技术与责任

哲学家卡尔·米切姆（Carl Mitcham）指出，自从工业革命以来，随着自由民主的进步，技术和责任似乎一直在共同发展。[10]责任填补了工业技术引入所造成的空白。这些技术扩展了人类的能力，使人类能够做以前力所不能及的事情，并赋予其对自然和彼此的巨大权力。随着控制的杠杆越来越长，行动和结果之间的距离越来越远，越来越多的人开始讨论如何控制这种不断增长的权力。解决方案之一便是承担责任：巨大的权力必须伴随着巨大的责任。

米切姆的观察强调了技术和责任之间的特殊关系。一项技术的引入会改变人类活动，影响责任归属的条件。如果以道德责任为例，技术会影响人类控制或自由行动的程度，影响他们的行动对结果的贡献，以及他们预测行动后果的能力。让我们依次讨论这些问题。

## 行动的自由

技术会影响我们做出明智选择的自由。一方面，它们可以增强人类的能力，扩大选择范围；另一方面，它们也经常限制了这些能力和选择。互联网提供了一个几乎没有限制的意见和信息空间，让人类可以自由地沉浸其中。同时，正如第 6 章和第 7 章所述，网上所收集的个人数据可以转化为目标算法，从而限制人类所接触到的机会、意见和广告种类。

再想想高效处理大量案件的自动化管理系统（见第 8 章）。这些系统*在设计上*减少了底层官员在个案基础上做决策的自由裁量范围。[11]可以肯定的是，技术可以赋权人类，但它们也可以控制人类。技术在各自领域愈发精进，人类离开了技术就愈难管理。技术有一种诱发依赖性。25 岁以下的人*知道*什么是街道地图吗？即使是我们这些 25 岁以上的人也必须承认，如果没有手机上的谷歌地图，生活会变得更加艰难。

## 因 果 贡 献

技术可以掩盖一个人的行为和结果之间的因果关系。就一件某人控制力有限的事情责备某人没有任何意义。复杂的技术系统在这方面存在问题，因为它们往往需要多人共同努力才能运作。为技术系统开发和使用做出贡献的人有很多，而从中找到负责任的人十分困难，这被称为"*多手问题*"。[12]在高科技环境中，如果没有一个人能够完全控制或了解事件的结果，那么责任归属可能是一个真正挑战。单凭飞行员自己是无法完成飞机高空飞行的。飞机是一个复杂得令人吃惊的装备，包含了许多不同的子系统和人员。没有人可以直接控制事情走向。没有人能够完全了解操作中的所有组件。空中交通管制员、维修人员、工程师、管理人员和监管人员在确保飞机安全飞行上都要发挥作用。当事故发生时，它往往是多个小错误累积的结果，而单看这些错误本身可能不会造成灾难性后果。这并不是说没有人需要负责。每个行为人都对结果起了微小的推动作用，因此至少对所发生的事情负有*部分*责任，但这种合作性质的努力往往很难划分个人过失。这虽然不像分离混合饮料中的香蕉、浆果和猕猴桃那样困难，但难度系数也*差不多*了。

除了"多手问题"以外，技术可能导致人类和其行为后果之间产生时间和物理距离。这种距离可能掩盖行动和事件之间的因果关系。技术扩大了人类活动的时空范围。例如，在通信技术的帮助下，人们可以与世界另一端的人进行互动。这样的距离可以限制或改变施动者体验行为后果的方式，并因此限制他们对责任的感知程度。发送一条刻薄的推特可能比直接当着别人的面说更容易，因为人们没有直接看到行为后果。同样，自动决策系统的设计者会提前确定应该如何做决策，但他们很少看到这些决策将如何影响受影响者，可能要在几年后才会感受到这些影响。

设计师的选择和选择后果之间的联系愈发模糊，因为设计往往不能准确地决定技术用途。用户仍然可以决定如何以及何时使用这些技术，使用方法甚至可以超出设计者的预期。拥有智能手机的学生不再需要在图书馆里花几个小时待在复印机旁。既然可以用手机拍下相关的页面，为什么还要自找麻烦呢？开发出智能手机拍照功能的工程师们有没有想过它会取代复印机？有些可能会想到，但绝不是每个工程师都能想到这点，这在他们心中也绝非最重要的问题。

## 预测行为后果

技术所带来的时空距离影响不仅左右着人类活动，也在调解着人与未来的关系。飞机驾驶舱内的各种传感器和测量仪器将飞行高度和俯仰角等一系列观察结果转化为数字和符号，飞行员借此了解飞行情况，从而更好地预测特定决策后果。不过飞行员可能只片面地了解正在使用的技术背后的机制、假设、模型和理论，而这种不透明性本身就会影响飞行员评估特定决策后果的能力。

一项技术的新颖性也会影响人类的预见性。要想负责地操作一项技术并观察其在不同环境中的表现，就需要具备一定的知识、技能和经验。有些技术的学习曲线比其他技术更陡峭。一般来说，没有经验肯定会使事情复杂化。

再次强调，这并不意味着责任虚无缥缈，这一点很重要。当前人类已设法取得了相对成功的实践，在这些实践中，尽管存在"多手问题"，行为者已开始分担责任，这包括法律、道德和职业责任在内的各类互补的责任。其中一些形式的责任不需要直接或完全控制，甚至也不需要预见可能的后果。当技术限制了一个链条中个体的自主权时，责任往往会重新分配给链条中地位更高的其他行为者。毕竟，技术对人类行为的影响，依然取决于技术开发者和供应商的活动。人们之所以创造和部署技术，是想对这个世界产生一些影响。开发者以特定方式影响用户的意图被刻在技术中。这种控制和权力必然会引起责任——而这种情况是否继续存在，取决于技术在未来会获得何种代理权。

# 人工智能与责任

众所周知，人们早已关注技术发展中的责任问题，但人工智能技术似乎带来了新的挑战。人工智能技术越来越复杂，具备从经验中学习的能力，并且从表面上看很自主，这些特点表明它们与其他计算机技术有着本质的区别。如果这些技术越来越能够在没有人类直接控制或干预的情况下运行，那么软件开发者、操作者或用户可能就很难掌握和预测它们的行为，无法在必要时进行干预。有些人认为，随着这些技术变得更加复杂和自主，再要求人类对技术问题负责就不那么合理。哲学家安德烈亚斯·马蒂亚斯（Andreas Matthias）称之为"责任鸿沟"——技术越是自主，就越不能让人类负责。[13]因此，有些人认为，也许某一天，该让人工智能技术负责，并赋予它们某种法律人格或道德主体地位。[14]在考虑此建议前，还是先看看所谓的"责任鸿沟"。

"责任鸿沟"的概念下包含几个关于责任的假设。其中一个假设是，人类必须对其行为的结果有直接的控制权，才能为其负责。然而，正如我们所看到的，这种狭隘的责任概念并不能准确地反映出人类在很多情况下处理责任的方式，因为各种责任概念都没有直接控制权。

"责任鸿沟"这一概念背后的另一组假设与人工智能有关。在这些争论中，人们经常将人工智能框定为一个独立的单一实体，拥有某些类似人类的能力，但这具有误导性，对解决问题毫无帮助。首先，这一假设忽略了技术所处的大环境，以及"站在幕后"的人类。[15]事实上，要让当前的人工智能技术独立运行，人类需要做大量工作。不仅要设计、开发、部署和操作这些系统，他们还必须调整自己和环境，确保这些技术成功运行。自动驾驶汽车并不独立于它们行驶的道路，也不独立于所遇到的骑自行车的人和行人的利益。为将风险降至最低，并平衡这些环境中不同行为者的竞争性利益，这些汽车在受规则管制的环境中运行。简而言之，为了使自主技术发挥作用，必须由许多人做出诸多决定，而这些决定都涉及他们可能要为此负责的选择。

　　显然，人们担忧"责任鸿沟"，其背后隐藏着另一种假设，即机器的自主性和人类的自主性本质上是相似的。但这两者区别很大。人类自主性是一个复杂的道德哲学概念，它与对于人生意义的思考密切相关，是各种义务和权利的基础。它假定人类具有某些能力，使其能够做出体现自我意志的决定，并且应该因这种能力而受到尊重（见第 7 章）。

　　另外，机器的自主性通常是指机器在没有人类干预的情况下长时间运行的能力。它们被委以重任，在没有人类操作员不断调整系统行为的情况下执行任务。这种任务可以包括驾驶飞机、在高速公路上行驶、购买股票或监控制造过程。大多数时候，这种机器的自主性涉及某些定义明确的、可以完全自动化的过程。那么，自主性就相当于较高一级的自动化，与自由意志或类似的道德哲学概念无关。

　　诚然，当人们在讨论学习和适应环境的人工智能技术时，机器自主性和人类自主性之间的区别开始变得模糊起来。那些可以自动处理明确定义过程的系统具备可预测性，而从自身经验中学习并表现出超出原始编程行为的系统，看起来就像是具备"自己的思想"。阿尔法元（AlphaZero）是一个为下国际象棋和围棋等游戏而设计的系统，经常被拿来吹捧。它能够在没有明确的人类指导下，以人类开发者无法理解的方式自学成才，像真正的职业棋手一样下棋。人类对这种系统还能承担有意义的责任吗？

　　像这样的系统尽管功绩卓著，但其行动仍要受控于人类操作员。人类开发者需要相当多的专业知识和努力才能使系统正常运行。他们必须仔细构建、调整和微调算法，为其选择并准备训练数据。[16]关键在于，许多人仍然在一定程度上控制该系统，并承担着某种程度的责任。当然，不言而喻，AlphaZero 不知道自己在下围棋，不知道自己在被监控，不知道什么是"游戏"，不知道什么是"下棋"，也不知道什么是"赢棋"，它除了玩设定的游戏外，什么也不知道。

　　这并不是说，随着人工智能发展得越来越强大，其不会对既定的责任分配方式构成真正挑战。人工智能技术越来越复杂，开发者的决策和他们的选择结果之间的距离越来越远，这将挑战现有的关于谁应该对什么负责以及在多大程度上负责的观点。这正是问题的关键。问题不在于人类的责任是否将不再有任何意义，而是*哪些*人应该负责，以及他们的责任会是*什么*。随着新技术引入，我们需要重新分配任务，而这将导致责任在链条中不同行为者之间发生转移。由于人机系统变得更加复杂和庞大，参与的人也可能比以前多得多，其中一些行为者可能会变得不那么强大，自由裁量空间也会减少，而其他行为者则会获得更大的影响力。无论哪种情况，人类仍然决定着如何训练和测试算法，何时使用它们，以及如何将它们应用到现有的实践中。人类要确定什么是可接受的行为，以及系统越过可接受行为界限的后果。

弄清楚谁应该对什么负责以及如何负责并不容易，并且肯定会出错。与"责任鸿沟"相反的担忧是，*错误*的人将被追究责任。他们会成为麦德林·埃利施（Madeleine Elish）所说的"道德崩溃区"（moral crumple zone）：即便人类行为者对某个自主系统的控制非常有限甚至没有，也被认为对该系统担负责任。埃利施认为，鉴于这些系统的复杂性，媒体和普罗大众往往会指责与系统关系最为密切的人类操作员，如飞行员或维修人员，而不是技术本身或决策链中更高的决策者。[17]

人工智能的出现及其对现有责任分配方式的挑战，引发了许多重要问题。面对日益复杂的技术，如何适当分配责任？控制一个自治系统意味着什么？如果自动驾驶汽车的驾驶员不再负责开车，那么责任应该由谁（或*什么*）来承担？正如一棵树倒在树林里的方式取决于自然力（重力、湿度、风等），责任并不是随随便便分配的。人类必须彼此就责任展开积极协商，而不是相互推诿，要始终关注达成的所有解决方案，观察其所产生的更广泛的社会影响。

## 协 商 责 任

如果自动驾驶汽车的人类驾驶员不再主动控制汽车，那么由他们承担责任是否合理，或者责任是否应该转移到制造商或其他行为人身上？如果车辆的软件从环境和其他道路使用者那里学习如何驾驶汽车*，那么制造商是否仍要对车辆造成的事故负责？现有的责任规则是否仍然适用，还是应该加以修正？制造商的责任通常很严格。而且有趣的是，严格责任首先用于针对物质（如危险化学品）或动产（如游荡的羊）在其控制者不知情的情况下造成伤害的行为。人们认为这种情况类似于机器学习算法的"无意识"但独立的行为，它无须开发者明确编程就学会了分类和执行程序。那么严格责任适用于制造商吗？

针对完全自动驾驶汽车的未来发展所引发的这一问题，有观点认为，我们不需要制定新法律，因为包括过失责任和严格责任在内的现有法律足以涵盖这一问题。据称，制造商最适合在建构阶段对伤害风险采取预防措施，并在销售（或批发）阶段警告用户这些风险。因此，产品责任规则应照常适用。没有"如果"，没有"但是"。

然而，还有一些法律学者认为，现有的产品责任制度存在缺陷，并且给事故受害者带来过度负担。请记住，即使是产品的严格责任，受害者也必须证明产品有缺陷，并且是该缺陷导致其受伤。随着计算机驱动的车辆越来越复杂，受害者将越来越难证明产品缺陷。[18]由于证明错误来源十分困难，所以已经很少使用产品责任。当某个特定问题在特定设计中频繁出现时，追究制造商的责任可能会更容易一些。例如，当人们发现丰田公司的一种车型有时会突然加速时[19]，尽管工程师无法确定故障来源，但考虑到该事故频发，丰田公司还是被追究了责任。但在事故发生率不高的领域，不管是要追究制造商的严格责任还是其他责任，都十分困难。

此外，像其他复杂系统一样，自动驾驶汽车加剧了"多手问题"。多个行为者将参与到车辆的制造和设计中。虽然实际物理部件的制造商可能主要控制物理部件的制造过程，但其他行为者也会为车辆的运行做出贡献，如各种软件开发商、需要保持软件更新的车主，以及负责维护道路传

---

    *   并不是说目前开发的任何自动驾驶汽车都*能*自主学习。迄今为止，所有自动驾驶汽车在出厂时都有一个提前学习的算法。该算法可能已经使用了来自行驶在真实道路上的真实汽车的训练数据，但学习将在工程师团队的监督下进行。

感器的机构。这种由技术、公司、政府部门和人类行为者组成的生态系统使追踪事故发生的地点和原因变得困难重重，特别是当事故涉及从环境中自我学习的技术时。

鉴于以上困难，其他法律学者倡导各种形式的赔偿方案，不需要证明过错，甚至不需要人类行为者。莫里斯·谢尔肯斯（Maurice Schellekens）认为，追究"谁应为自动驾驶汽车事故负责"这样的问题可能是多余的。他指出，包括以色列、新西兰和瑞典在内的几个国家已经有了针对汽车事故的无过错补偿计划（NFCS）。在这些国家，车主购买强制性保险（或由更普遍的国家计划承保，包括道路事故引起的人身伤害），当事故发生时，即便没有人犯错或*导致*该事故发生，保险公司也将赔偿受害者。想象一下，当行驶在悉尼和堪培拉之间的高速公路上时，前方突然出现了一只袋鼠，你急忙改变方向，这种情况在这段路上并非完全罕见。最有可能的是，没有人可以为随后发生的任何车祸负责（就像我们之前举的蜜蜂蜇人的例子一样）。NFCS 至少可以使受害者迅速获得对任何伤害的赔偿，而不需要经过法庭诉讼的烦琐程序。

谢尔肯斯建议，对于涉及自动驾驶汽车的事故，可能也适用于类似的方法。在这样的制度下，是否会激励制造商设计更安全的车辆，将取决于对可能导致事故的任何缺陷，受害者或保险公司追究制造商责任的权利。例如，受害者可能会得到保险公司的赔偿，但如果是设计缺陷的问题，保险公司的一个选择是应该获得受害者的授权，代替他们起诉制造商，或者受害者自己可以要求制造商提供超过法定限额的赔偿（即上文所述的 NFCS）。另一个选择是强迫*制造商*，而非公民个人，支付保险费用。无论哪种方式，重要的是让制造商对其设计造成的伤害负责，否则就没有改进动力。

## 在道德和法律上负责任的人工智能？

鉴于人工智能给现有的责任分配方式带来的挑战，一些人建议要重新思考谁或什么应担负责任。是否应该总是由人类负责，或者是否可以将施动者的概念扩展到非人类？正如前面所指出的，传统道德哲学的责任概念完全是个人主义和人类中心主义，只有人类才可以在道德上负责。另外，法律上的责任概念在这里允许更多的灵活性，因为施动者不一定是人类个体，也不必要求其直接控制事件。

由于人工智能的出现，一些哲学家认为，以人为本的道德责任概念已经过时了。[20]某些类型的软件和硬件的复杂性要求采取不同的方法，用以直接处理人造施动者的"行为不端"。其他哲学家也认为，如果这些技术变得足够复杂和智能，它们完全可以具备道德主体资格。[21]

针对此建议，批评者反驳道，这种方法减轻了自治系统开发者和部署者的责任。[22]它们是人工制品，其设计和应用反映了设计者和使用者的目标和野心。正是通过人类，计算机技术得以被设计、开发、测试、安装、启动，并接受指令执行特定任务。如果没有人类的输入，计算机什么也做不了。将道德主体归于计算机，会转移我们对塑造技术行为的力量的关注。

支持者则回应道，尽管技术*本身*可能不具有道德主体地位，但道德主体本身也很难"纯粹"是人类。[23]例如，彼得·保罗·维贝克（Peter Paul Verbeek）指出，人类行为是不同形式的能动性的综合：执行行动的人的能动性；帮助塑造人工制品中介作用的设计师的能动性；以及人工制品在人类行动和其后果之间的中介作用。[24]每当技术投入使用时，道德主体很难集中在一个人身上，它被分散在人类和人工制品的复杂混合体中。

在法学界，法律人格方面也有类似探讨。鉴于人工智能和数字生态系统的复杂性，一些法律学者和政策制定者建议，人工制品应被赋予某种人格，并像公司那样承担责任。2017年，欧洲议会甚至邀请欧盟委员会考虑建立一个特定的法律身份，为足够复杂和自主的机器人和人工智能系统建立电子人格。

然而，在法律上，非人类人格的概念并不陌生，因为许多法律体系已经承认了不同种类的人格。[25]法律人格是一种法律虚构概念，用来赋予某些实体权利和义务，比如公司、动物，甚至是印度的恒河和亚穆纳河、新西兰的旺格努伊河等河流，或者厄瓜多尔的整个生态系统。不用说，之所以给予这些实体这样的身份，并不是为了证明我们把对方看作是人。赋予人类权利和义务是基于道德考虑，如人类的尊严、内在价值、意识、自主性和承受力。之所以赋予非人类实体以人格，考虑的因素有很多，例如对于动物来说，其与人类的某些特征相同，如承受力；而对于公司来说则出于经济因素。许多法律制度承认公司是人，从而减少与个人责任相关的风险，进而推动创新和投资。人工智能技术也许可以被认为是一种公司。事实上，当NFCS（如有必要）扩展到涵盖使用自主系统所产生的伤害时，可以说人工智能法律人格化进程已经完成了一半。

## 展 望 未 来

我们已经看到，在某种意义上，对行为负有道德责任与*具有*对行为的控制是相辅相成的。当我们使用技术来实现目的时，情况也是如此。在技术的推动下，对行为结果负责需要对技术有一定程度的控制。这是因为，当使用技术时，技术已然成为人类的一部分，成为人类手脚和思想的延伸。尽管这一章已经说了一些关于控制的内容，但下一章将详细说明一些技术在本质上*抵制*被人控制的方式。这一点很重要，因为个人对系统的控制越多，就越能让他们对系统的部署结果负责。另外，这种控制越是没有意义，越无效，当出错时，就越无法追究其责任。

# 5

# 控　　制

　　几乎所有人工智能的拥护者都同意，人工智能只应在有限范围内夺取人类的管辖权。[1]可以这么理解，这个限度就是指人类的命运。人类应该自己决定其人生目标。虽然这是事实，但很显然，人类似乎无法就其内涵达成一致（当然，这已是陈词滥调）。本书的看法是，从某种深层的"终极"意义上，人工智能永远不应该*最终*代替人类许愿。因此，尽管具有不同人口学特征、不同地域文化的人在这一重大问题上各执一词，他们中的大多数也会同意，在某种意义上，应该*由人类自己*想出答案。

　　本章并非针对价值观或价值论、人类繁荣和"生活幸福"。但确实基于一个合理的假设，即人类应该始终对发生在他们身上的事情负责，这非常重要。即使我们决定使用节约劳动力、解放创造力和错误最少化的技术，也是基于*我们自己*的情况——也就是说，只有技术符合我们的愿望时，才会使用它。毕竟，这才是人类保有对系统的最终控制权的意义——让它以应有的方式、以我们*希望*的方式运行，即使我们没有时刻"操作"来控制系统（接受现实吧，我们为什么*要*对一个"自主"系统进行操作控制？）。理所当然，如果系统发生故障，我们有权"关闭它"。

　　有很多方法能实现这种人类负责的愿望，但目前最流行的口号可能是呼吁"有意义的人类控制"，尤其是在讨论致命性自主武器的军事部署时。这是比最终控制更高的要求。拥有最终控制权并不意味着我们可以在人工智能严重失常的情况下防止事故或灾难的发生，更不一定意味着我们可以避免出现危机的最坏结果。真正的含义是，我们有权力"关闭"一个已经发生故障的系统，从而防止进一步损害。但到这个阶段，最糟糕的情况可能已经发生了。相比之下，为了*有意义地*控制自主系统，需要超越最终控制（否则，又怎能称之为"有意义"？）。我们认为，有意义的控制意味着系统处于*有效*控制之下，这样操作员就*能够*避免最坏的情况，从而减轻或控制潜在后果。因此，对于那些我们主动放弃操作控制的人工智能，最终控制只是让我们重新确立对其支配权，而有意义的控制意味着我们可以有效地重掌支配权，也就是说，（例如）有足够的时间避免灾难。我们认为应该将有意义控制设定为标准，并且从现在开始，人类不应该放弃对自主系统的有意义控制，当然在高风险情境中更是如此。

然而，在实践中，遵循这种简单的经验法则并不容易，主要阻碍可能来自心理层面。在本章，我们将看到工业心理学领域的研究者发现的一些问题，即"人因"。人因研究揭示的是在某些情况下——从本质上来说，就是当自主系统达到一定的可靠性和可信度阈值时——放弃操作控制就是放弃有意义的控制。简言之，一旦习惯于信任一个在*多数*时间（但不是所有时间）都可靠的系统，人类*自己*就会倾向于"关机"，陷入一种"自动驾驶"模式，表现出漫不经心、沾沾自满和过度信任。具有这种心态的人更不会批判看待系统的输出结果，因此更不容易发现系统故障。在这种情况下，如果自我安慰，认为我们依然保有"最终"控制权，那么可以随心按下"停止"按钮，必须说这有点自欺欺人。

致命性自主武器系统生动地说明了这一挑战。在致命性自主武器系统文献中，研究者初步区分了人"在环内"、"在环上"和"在环外"的三种情况。"在环内"（字面上）意味着人类可以发号施令，决定是否应该追踪和攻击目标，此时责任明确落在决定攻击的人身上。一个使人类"在环上"的系统（如无人机），可以自行识别和追踪目标，但在无人批准的情况下不会发起实际攻击。另外，如果无人机处理从识别、追踪到攻击目标等一切事务都无须人为干预，系统将完全自主。在这种情况下，人类的控制将"在环外"。

　　这些备选方案代表了各种可能性。我们提到的人因出现于"在环上"和"在环外"之间的某个位置——更确切地说，在这一位置，人类在技术层面仍然"在环上"，但又由于过于脱离接触和漫不经心，以至于可能被视为"在环外"。在致命性自主武器系统语境中，不难想象失去有意义的控制会带来什么。如果不经深思地相信一种自主武器能够区分敌方战斗人员和平民，或能在这种情况下仅使用必要的武力（武装冲突法中的"相称性"原则），则可能造成难以形容的破坏。试想一下，对于一个自主武器来说，把拿着棍子冲向士兵的孩子误认为是敌方的战斗人员是多么容易。还记得序言中的狼和哈士奇问题吗？转换到战争领域，对象分类误差不是闹着玩的事。如果人类不能有意义地控制此类系统，谁说这些恐怖的可能性不会成真呢？

　　不过，我们现在先不讨论致命性自主武器系统，因为它们产生了一系列其他问题（例如，"关闭"自主武器是在紧急情况下应该*始终能*依靠的一种方案，但因为敌人入侵了我们的控制台而无法关闭，那该怎么办？是否应该由机器决定谁生谁死？等等）。这些问题太过复杂无法在关于控制的一般章节中进行讨论。换个话题，让我们考虑一下更单调乏味的自主系统失控的可能性。以刑事司法为例，机器学习系统在法院真正派上了用场，从警察巡逻和调查到起诉决定、保释、判决和假释，无所不能。正如最近法国的一份人工智能报告所指出的那样："对于法官来说，遵循将罪犯视为社会危害的算法的建议，要比亲自查看罪犯记录的细节并最终决定释放他容易得多。对于警察来说，遵循算法规定的巡逻路线要比拒绝它容易得多。"[2]正如 AI Now 研究所在其最近的一份报告中所言："当风险评估系统生成一个高风险分数时，该分数会改变判决结果，并且可以让法官不再考虑缓刑这一选项。"[3]该研究所的报告还让我们清醒地认识到，在没有得到适当审查的情况下，这种系统可以运行多久。华盛顿特区的一个系统首次部署于 2004 年，在运行了 14 年后才在庭审中被质疑。该报告的作者将此归因于"长期以来一直认为该系统已得到严格验证"。[4]弗吉尼亚·尤班克斯（Virginia Eubanks）在其《自动不平等》（*Automating Inequality*）

一书中指出，高科技决策工具会在社会服务部门引发自满情绪。宾夕法尼亚州阿勒格尼县推出了儿童福利保护软件，作为其儿童虐待预防战略的一部分。该技术旨在帮助该县社会工作者决定是否跟进儿童福利热线电话。然而事实上，尤班克斯讲道，社会工作者会忍不住根据模型结果调整自己的风险评估，以与其保持一致。[5]

当人们对这些系统提出控告时——这里我们指的是在最高上诉法院的*正式*控告——法官的言论往往表明，他们并没有真正理解此类挑战的全貌。在刑事司法使用的所有算法工具中，受到最多审查和争议的可能是COMPAS（第 3 章中已有介绍）。COMPAS 于 1998 年由 Northpointe 公司首次开发，应用于美国各地的刑事司法机构。[6]2016 年，埃里克·卢米斯（Eric Loomis）就法院使用 COMPAS 给自己判决一事发起了一次失败的法律挑战。在这里我们不深入讨论其中细节，有趣的是，在上诉法院对使用此类工具表示的所有担忧中，控制显然不被认为是一个重大问题，从法院关于未来使用 COMPAS 的但书很容易就能看出这一点。

法院提出，审判法官"除了 COMPAS 风险评估外，还必须阐明能独立支持判决的因素。COMPAS 风险评估只是判决时可能考虑和权衡的众多因素之一"。[7]法院还要求向审判法官提供一份关于 COMPAS 的警告列表，作为依赖其预测的前提。[8]这些警告提醒注意关于使用该工具的争议，以及其开发的初始动机——其主要目的是辅助判决后决策（如假释），而不是判决本身。

不过，也就只有这些举措了！显然，没有人意识到人因挑战的严重性。（为什么呢？因为他们是法官，不是心理学家！）审判法官可能会广泛搜集信息，并相信自己确实考虑到了"独立支持判决"的其他因素。但如果严肃看待控制问题，特别是稍后描述的"自动化自满"和"自动化偏差"问题，上述策略只提供了虚假的保证。警告本身是很温和的，并且即使警告严厉，事实上，我们还是根本不知道这种指导是否足以让法官摆脱自满。有研究表明，即使明确介绍了特定工具的使用风险，也不会降低自动化偏差的强度。[9]

我们担心的不是学术问题。仅仅警告法官对自动化系统的建议保持怀疑，并不能指导他们*如何*对建议进行取舍。众所周知，系统建议并非万无一失，必须谨慎对待。但是，如果你不知道这个系统*如何*工作，也不知道系统出错的*位置*和*原因*，那你到底要怎么做呢？法官应该在什么时候、以*什么方式*质疑？认知心理学和行为经济学的研究（部分内容在第 2 章和第 3 章中已有讨论）也指出了"锚定"在决策中的作用。即使证据不够充分，也会对力求客观公正的决策者造成有害影响。当一台具有华丽证书和技术说明的机器提供了一个高风险分数，法官可能会在锚定的作用下不知不觉地倾向于更严厉的判决。我们不知道警告加上考虑其他因素的责任是否会抵消这种锚定效应。

## 近距离看待控制问题

我们所说的"控制问题"源于人机控制回路中，人类在面对可靠自主系统的输出时变得越发沾沾自满、过度依赖或过度信任。目前乍一看，这一问题似乎并非无法克服，但实际上它比看起来更难解决。

该问题在 20 世纪 70 年代首次提出[10]，但直到 1983 年一篇论文的问世，才得到明确阐述。论文标题简洁明了——"自动化的讽刺"。作者是利斯安妮·班布里奇（Lisanne Bainbridge），她提出的主要讽刺是："控制系统越先进，人类操作员的投入就越重要。"[11]尽管文章写于深度学习诞生之前，与算法自动决策任务无关，但她关于人机系统中人类所饰角色的言论在今天仍然成立。

如果可以非常详细地阐述决策，那么计算机可以比人类操作员更快地做出决策，考虑更多维度，使用更准确、详细的标准。因此，人类操作员无法实时检查计算机是否正确地遵循规则。*所以，只能期望操作员在某种元层次上监控计算机决策，以确定计算机决策是否"可接受"。*[12]

正如我们所见，人类操作员的这种剩余监控功能引发了至少四种应单独解决的问题（见方框 5.1）。第一个问题涉及人类处理能力的认知局限（"能力问题"）。正如班布里奇所说："如果在此种情况下，使用计算机决策是由于人类的判断和直觉推理不足以完成决策，那么怎么判断哪些决定该被接受？人类监控员被安排了一项不可能完成的任务。"[13]

---

**方框 5.1　控制问题分解**

控制问题可分为以下四个更基础的问题。

能力问题（the capacity problem）

人类无法追踪他们负责监控的系统，因为这些系统太先进了，运行速度不可思议。

注意问题（the attentional problem）

如果人类的全部工作只是监控大量静态信息的显示，那么他们很快就会感到厌倦。

流动问题（the currency problem）

用进废退，若得不到定期使用，技能会随着时间的推移而衰退。

态度问题（the attitudinal problem）

人类倾向于过度信任在大多数时间运行可靠的系统（即使它们并非*始终*可靠）。

---

　　与其负责监控的系统相比，人类通常处于严重的认知劣势。这一点在高频的金融交易情境中表现得非常明显。监控员不可能实时了解正在发生的事情，因为交易发生的速度远远超出了人类监控员的追踪能力。正如戈登·巴克斯特（Gordon Baxter）及其同事指出的那样："在诊断和排除故障的时间里……可能已经发生了更多笔交易，并且可能利用了该故障。"[14]在航空领域使用自动驾驶系统时，也出现了类似的问题，这些系统正变得"极其狡猾，只在复杂的'极端情况'中发生故障，而这些情况是设计者无法预见的"。[15]

　　第二个问题涉及人类表现的*注意力*局限（"注意问题"）。

　　　　我们从许多"警惕性"研究中了解到……即使是一个积极性很高的人，也不可能对一个极少出现的信息源保持超过半小时的有效视觉

注意。这意味着人类不可能实现监控罕见异常的基本功能。……[16]

自动化对态势感知有重大影响。[17]例如，众所周知，自动驾驶汽车驾驶员对接管请求的预测能力较差，并且往往没有做好在紧急情况下恢复控制的准备。[18]

第三个问题涉及人类技能的*流动*（"流动问题"）。再次引用班布里奇的观点："不幸的是，身体技能若得不到锻炼就会退化……这意味着，如果一直监控自动化过程，过去经验丰富的操作员现在可能会技能退化。"[19]

第四个也是最后一个问题，涉及人类操作员面对复杂技术的*态度*（"态度问题"），这也是本章我们重点关注的问题。除了一些简短的讨论[20]，该问题在班布里奇的文章中并没有得到真正解决。[21]不过自此以后，它一直是许多研究的主题。[22]该问题的含义是，随着自动化质量的提升和对人类操作员要求的降低，操作员"开始认为系统是万无一失的，因此不再积极监控正在发生的事情，这意味着他们变得自满"。[23]自动化自满常常伴随着自动化*偏差*，指人类操作员"过于信任自动化系统，以至于忽略了包括自身感官在内的其他信息来源"[24]。自满和偏差都源于对自动化的*过度信任*。[25]

有趣的是，随着自动化程度*提高*，每个问题都会变得越来越严重。系统性能越好，处理复杂信息的能力越强、速度越快，人类监控员就越难保持与技术的充分接触，无法确保在系统出现故障时能安全地恢复手动控制。谈到当前（"SAE2 级"）可以让驾驶员解放双手和双脚（但不是解放*思想*，因为驾驶员仍然需要注意路况）的自动驾驶汽车\*，著名的汽车人因学专家内维尔·斯坦顿（Neville Stanton）讽刺地表达了这个难题："即使最机警的人类驾驶员，其注意力也会开始减弱；这就好比看着油漆变干的过程。"[26]就自满和偏差而言，有证据表明，操作员的信任与自主系统的规模和复杂性直接相关。例如，在 SAE1 级自动驾驶汽车等低级的局部

---

\* 美国汽车工程师学会（Society of Automotive Engineers，SAE）根据自动化系统功能实现程度，将车辆从 0 级（非自动化）到 5 级（完全自动化）进行分类。特斯拉 Autopilot 系统和梅赛德斯-奔驰 Distronic Plus 系统（2 级）要求驾驶员监控整个旅程中发生的情况，而谷歌的自动驾驶汽车除了自动开启和关闭之外什么都能做。

自动化系统中，"驾驶员和车辆子系统之间有明确的任务划分"[27]。但随着自动化水平提高，这种划分界限变得模糊，驾驶员难以准确评估车辆性能，并且总体上倾向于高估它们。[28]

反之亦然。自动化可靠性*降低*似乎通常都会*提高*系统故障的检测率。[29]直截了当地说，自动化若"在大多数时间内都以一致、可靠的方式运行，这时往往也最危险"。[30]那么，一直以来，似乎唯一安全的办法就是使用不会引发过度信任的无用系统，或者相反，使用在特定任务中被证明优于人类的系统。后一种选择可行，因为一旦证实系统在执行特定任务时比人类更好（意味着更不容易出错），那么对该系统进行审慎的人为监控将是多余的。是否有人持续监控系统，以及如果有，人们是否陷入自动化自满，这些都无关紧要，因为系统的低出错率是可怜的人类望尘莫及的。

图 5.1 描述了作为系统可靠性函数的自满情绪的存在性和危险性。请注意，在可靠性的某一点（由虚线表示），自满情绪的存在性将不再重要，因为它不再构成危险。

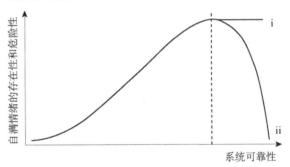

图 5.1　自满情绪的存在性（i）和危险性（ii）与系统可靠性的函数，虚线代表近乎完美（优于人类）的可靠性值

## 使用"优于人类"系统：动态互补

"控制问题能解决吗？"如果从字面上理解这个问题，显然，回答似乎是否定的。控制问题从*表面上看*无法解决。诚如我们所知，一旦一个自

主系统在大多数时间都能可靠地运行，并且当操作员唯一要做的就是监控基本上无间断的数据处理时，我们无法*直接*针对，更不用说直接抑制人类陷入自动化自满和偏差的趋势。然而，当我们接受这种趋势是人机系统的一个顽固特征时，也许能绕过它，而不必假装可以改变这数百万年进化所施加的限制。

人因研究的见解对此有指导价值。一个重要的人因建议是，通过*动态互补分配机制*来促进人机能力的相互适应。人类应该坚持自己最擅长的，比如沟通、抽象推理、概念化、同理心和直觉；而计算机可以完成剩下的工作。[31]同时，分配应足够灵活，以便在有助于实现最佳表现（或其他必要情况）时支持*动态交互*，并在某些任务中进行移交或交还，例如，驾驶员解除巡航控制，从而恢复对加速的控制。该建议认为人和计算机都可以安全完成某些决策，并且在特定子域具备相同的能力。移交和交还任务也可能在一定程度上缓解流动问题，因为这样操作员就有机会练习和保持他们的手动控制技能。

此种方法基于一个明显假设，即决策任务可以或多或少地细化。例如，我们可以假定*边境管控*（即是否允许人员通过国家边境）是一项涉及清关、护照核验、毒品检测等内容的重大决策。我们还可以假定要么（a）*整个*边境管控决策都由一个大型分布式边境管控软件包完成，要么（b）仅从整体决策中划分出一些可自动化的子内容进行离散自动化，其余部分留给人类控制员。当然，目前边境管控决策只是局部自动化。虽然SmartGate 支持全自动电子护照核验，但大多数边防检查站仍然配备边检人员。这就是关键，他们的工作只是处理整体决策中无法高效自动化的部分。也许有一天，整个决策链*将会*自动化，但目前我们还没有做到那一步。

在动态互补分配机制下，显然一些自主系统将会取代人类，并且能在没有监控的情况下运行。当操作员能够将精力集中在更适合人类而非自主系统执行的任务模块上时，这种包含自动化子程序的人机系统运转最佳。但很明显，正如我们已经指出的那样，只有当自动化子程序是由近乎完美（优于人类）的可靠系统处理时，这种设置才能避免控制问题。否则，即使自主部分可能在大多数情况下都运行顺畅，但仍需要一个人类监控员来追踪偶尔出现的故障，这条路径的未来显而易见。

不过，我们有理由询问：有多少自主系统实际上达到了这个阈值？事实上，这很难说。SAE2 级及以上的自动驾驶汽车肯定还不具备这种可靠性。[32]但许多标准车辆（非自动化，SAE0 级）的子部件显然做到了这一点，例如自动变速器、自动照明控制系统和第一代巡航控制系统。[33]

在更多典型的决策支持情境中，诊断和预测软件可能正在接近"优于人类"这一标准。例如，基于相同信息，人工智能系统可以比人类病理学家更准确地识别和预测肺癌。还有一些系统能够在首次发病前十年发现阿尔茨海默病，准确率达 80%，这一成就肯定优于最优秀的人类病理学家。[34]在法律领域，自然语言处理和机器学习的进步促进了案件预测软件的发展，该软件可以在仅提供案件事实的情况下，以 79%的平均准确率预测欧洲人权法院审理的案件结果。[35]最令人印象深刻的是，与 83 名法律专家组成的小组相比（其中近一半以前担任过法官助理），一个类似的系统对美国最高法院裁决的预测准确率更高（准确率分别为 60%和 75%）。[36]除了这些合理明确的案例之外，我们只能进行推测。动态互补的一个优点就是，通过将一个重大决策分割成越来越小的部分，我们就越有可能找到一个优于人类的系统来接过接力棒。

如果我们想要的那种优于人类的准确性不能得到保证呢？讨论的结果是，至少在高风险/安全关键的环境中，决策工具不应取代人类，除非该工具达到某个关键的可靠性阈值。但是如果这个标准无法达到呢？是否可以部署不那么可靠的系统？简单来说，可以。如前所述，控制问题并非源于对明显次优的自动化系统的使用，而是由于使用了那些大致可靠的自动化系统。因此，视情况而定，不太可靠的系统可能会在更大的决策结构中（例如，在更大的边境管控决策结构下核验护照），安全地代替人类决策。抛开其他问题，COMPAS 等工具的一大问题是，跨越了特定情境可靠性和整体最优性之间的界限。它不够可靠，无法达到优于人类的标准，但在某些方面仍然有用。换言之，这正是一种容易引发自动化自满和偏差的工具，并且在高风险环境下（保释、量刑和假释决定）也是如此。

## 还有其他解决控制问题的方法吗？

有证据表明，增加问责机制可以对主要负责监控自主系统的人类操作员产生积极影响。一项重要研究发现："要求参与者对其整体表现或决策准确性负责，会降低自动化偏差概率。"[37]这似乎意味着，如果监控员始终面临随机检测和审查的威胁，那么不信任自己感官的倾向可能会降低。至于这些检查如何影响人类绩效和工作满意度，这是另一个问题；更具创造性的问责措施，如"捕捉实验"（故意生成系统错误，以使监控员保持警觉），也可能有助于抵消自动化偏差。捕捉实验在航空培训课程中很受欢迎。航空业实际上是一个管理自动化偏差的好例子，因为在该领域，自动化偏差威胁生命，备受重视。但无论如何，就像其他被吹捧的控制问题解决方案一样，他们并没有提供一个真正、*直接的*解决方案。相反，基于一个前提，即可靠性低的系统不会像那些更可靠的系统一样引起同样的自满和偏差，他们*暗中*把大体可靠（但并不优于人类）的系统变得在某种程度上*不那么可靠*。

那么团队合作如何？让一*群*人参与进来，一起工作，互相监视，这能缓解自动化偏差吗？显然不能。

与自动化辅助工具共同承担监控和决策任务时，可能会产生人类共担任务时相同的心理影响——"社会惰化"，其指对于特定任务，相比起独立完成，人们在冗余的团队中工作时，会不那么努力。……当由两名操作员共同负责监控自动化系统时，也会产生类似影响。[38]

最后，建议决策者在参考算法之*前*首先进行独立判断，这有助于部分抵消自动化自满和偏差的影响。在此种情况下，算法仅用于验证决策者的直觉。请注意，这种方法相当于让决策者*不要使用*算法。因此，这与其说是一种*解决*问题的方法（一种直接针对和抑制根深蒂固的心理倾向的方法），不如说是一种管理、协商和（在这种情况下）*避免*问题的方法。

# 关 键 信 息

自动化不仅仅是使用自动化零件，它还可以深刻地改变人机交互的本质。自动化最令人担忧的影响之一是，能够引发人类控制员的自满。因此，在决定对管理或商业决策的任何部分进行自动化时，其中一个应该考虑的因素是，由于算法在大多数情况下运行良好，人类操作员倾向于将有意义的控制权交给算法。我们真正需要注意的是这个问题，而不是机器本身。

# 6

# 隐　私

当询问人们听到"侵犯隐私"时的想法时，你会得到一些可以预料到的回答。其中常见的例子可能是：警察或军事监视，闭路电视摄像机监视个人的一举一动，狗仔队用长镜头窥探私人家庭生活，或者政府机构拦截个人信息服务。这些例子符合大多数人对隐私权的理解。大多数人可能会认为隐私权是"不受打扰的权利"。[1]但它的意义远不止于此。借助本章，希望能帮助人们更好地理解隐私的不同维度，新技术如何影响这些维度，为什么这很重要，以及这些问题与公民有何关系。

## 隐　私　维　度

令人惊讶的是，尽管隐私具有跨文化重要性，但对此国际上仍没有确切定义。1948 年，联合国成员国通过了《世界人权宣言》，其中规定了一致认为必须普遍保护的基本人权，第十二条涉及隐私权："任何人的私生活、家庭、住宅和通信不得任意干涉，他的荣誉和名誉不得加以攻击。人人有权享受法律保护，以免受这种干涉或攻击。"[2]

然而，尽管该观点很好，但各国可以自由地按照其认为合适的方式来解释这一标准。欧洲可能在为其公民确保强大的隐私权的道路上付出的努力最多，而大多数司法管辖区进步空间还很大。无论如何，试图就该术语的含义达成国际共识并不是唯一的问题。让*不同的人*来定义这个概念是一项艰巨的任务（更不用说 150 多个国家）。

隐私学学者朱莉·英尼斯（Julie Inness）曾感叹隐私概念混乱，其关于隐私的书的索引中的一个条目写道："隐私深如泥潭。"[3]尽管隐私概念可能很混乱，但英尼斯仍认为这可以补救，可以将许多参差不齐的碎片化概念拼凑在一起。[4] 这是因为，即使隐私含义广泛，但并非所有含义都相互包容，研究发现所有含义似乎都关注亲密和尊严。英尼斯认为隐私可归结为隐私权是个人对其私人领域的一种控制状态，包括是否允许他人对其进行亲密接触（包括个人信息接触）的决定和他对自己私人事务的决定。

多年后，法律学者丹尼尔·索洛夫（Daniel Solove）亲自尝试给隐私下定义，但与英尼斯不同的是，他厌烦本质主义。索洛夫受著名奥地利哲学家路德维希·维特根斯坦（Ludwig Wittgenstein）启发，怀疑是否能找到隐私等概念的独特、不可简化的本质。他认为最好完全放弃这种探索，应将注意力转移到侵犯隐私的具体后果上。因此，他设计了一种隐私*危害*分类法，将隐私危害分为来自信息收集的危害（如监视）、来自信息处理的危害（如整合、识别或不安全的处理）、来自信息传播的危害（如非法披露或违反保密规定），以及由入侵产生的危害（如物理入侵）。[5]这一分类方法很有用，聚焦人们在考虑隐私时可能最关心的事情。但是，当将机器学习纳入此情景时，索洛夫的分类方法也存在问题。鉴于数据集通常是将许多个人资料匿名聚合在一起运行的，并且不太可能被用来攻击数据收集对象，如果它们不与任何特定的人相关，那么究竟会产生什么危害？当然，如果算法对某人不利，预测模型可以成为攻击人的武器，例如，如果通过使用特定软件包，根据性别和种族筛选简历，不给某些人工作的机会。由此产生的伤害是由侵犯隐私造成的，但是并不明显。当然，这似乎并不侵犯*该人*的隐私（至少不是直截了当）。即使你的个人信息被输送回来"攻击"你，但如果面对的只是奈飞（Netflix）和亚马逊的推荐，那究竟会造成什么"伤害"？

这并不是说关注危害是错的，而是提醒我们确保任何有效的定义都能认真对待大数据。

在此，我们将联系实际来谈隐私，不会假装隐私只意味着一件事或导致一种基本伤害（索洛夫也没有这样）。相反，隐私至少包含四重含义，或者说是四种*维度*，每一种都会造成一种独特伤害：①身体隐私保护一个人的*身体完整性*不受非自愿触摸或类似干扰；②领土隐私保护一个人的*周围空间*免受入侵和监视；③通信隐私保护一个人的*通信方式*免受拦截；④信息隐私防止*个人信息*被收集、处理或违背其所有者的意愿使用（也称为"数据保护"）。[6]

这种"分而治之"的策略清楚地表明了新形式的隐私泄露如何出现在特定维度中。例如，现代信息隐私（数据保护）原则的出现部分是为了应对政府和私营公司持有的大量且迅速增长的个人信息。人们担忧现有国家法律和国际标准是否能充分保护个人隐私，从而提起诉讼，并最终促成《个人信息保护法》的出台，对持有个人信息的机构施加明确义务。*这些机构现在必须仔细确保向他们提供个人信息的用户保留对该信息的权利，包括访问、更正、使用和（如有必要）删除的权利。新形式的通信隐私也已出现。例如，在斯诺登（Snowden）事件曝光后，法律学者和公民自由主义者立即就电子通信是否存在隐私权展开辩论。

尽管每种隐私维度都很重要，人工智能也会影响各种维度，但本章不会详细讨论身体、领土或通信隐私，重点将放在信息隐私上，因为随着大数据出现，这是受威胁最明显和最直接的隐私维度。此外，人工智能和机器学习的不断发展，可能意味着这四种维度将在未来几年越来越融合。可以肯定，更大、更复杂的数据集将用于增强国家和企业的监视和入侵能力。举个例子，人脸识别软件已经是一种监控技术，关键取决于获得高质量的训练数据。

---

　*　例如，1980 年，德国联邦宪法法院对人口普查数据的有效性做出裁决，认为在数据处理时代，应保护个人的自决权，避免无限制地收集、使用和储存个人信息。

# 信息隐私和人工智能

预测算法和其他形式的机器学习可以识别我们个人信息，甚至可能以我们自己看不到的方式来识别，因此，人们对人工智能和隐私问题产生了极大的担忧。通过这样做，这些技术可以窥探私人生活中其他人无法看到的部分。这又是*最令人关心*的问题。当然，还有更具体的问题，这里将考虑其中最重要的两个。但是，当看待这些更具体的问题时，我们需要从大局出发。

数据保护法的一项基本原则是"应为指定的特定目的收集数据"[7]。但目的限制是大数据商业模式的核心。正如我们所见，开发机器学习技术的能力需要访问训练数据——大量的训练数据（见第 1 章）。隐私权倡导者尤其担心个人信息的收集方式，尤其是在互联网上。网上收集个人信息时很少用于"指定的特定目的"，也很少在本人知情同意的情况下收集。[8]像 Facebook 这样的公司*确*实提到了目的，但通常过于笼统，因此毫无意义。例如，提供和改进产品和服务，换句话说，就是使用 Facebook！

了解网上预订航班的用户是否会在下一次访问该网站时预订住宿或者再访问其他网站预订租车服务，这些都是有价值的信息。酒店和租车公司愿意为这些信息付费，因为其可以利用这些信息向*游客*推送有针对性的广告。个人通常不知道他们在互联网上所做的事情的信息是有价值的，并且允许其他人收集并从这些信息中获利。即使他们知道或怀疑个人信息将被出售给第三方，也不会*确切*知道这些第三方将如何使用这些信息，以及这些第三方是*谁*。带有讽刺意味的解释是，人们正在被剥削。俗话说："当一个线上服务免费时，你就不再是顾客，而是*产品本身*。"

互联网并不是唯一感兴趣的数据收集点，第三方可以从看似最不可能的地方收集数据。许多洗衣机现在是"物联网"的一部分，并配备了传感器，可以生成有关洗涤时间、洗涤周期和其他事项等信息，这些信息可以下载并用于预测维护、维修、故障和能耗。[9]尽管从维护和设计的角度来看，此类数据收集可能有益，例如，知道大多数人只使用机器上的两个或三个洗涤功能可能会带来更高效的设计。但收集这类数据对第三方也可能有价值。例如，当地的能源公司可能有兴趣鼓励用户在用电高峰期不要使用洗衣机。洗衣粉制造商可能对兜售相关产品（如织物柔软剂）感兴趣。同样，这些第三方将愿意为这些信息付费，而且与以前一样，消费者将经常不知道他们的数据类型正在被收集以及被收集来干什么。

确实，许多公司对他们与用户达成的交易条款持开放态度："如果您允许我们挖掘您的点赞、分享和帖子，并允许我们将此发现卖给出价最高的人，我们将授予您访问我们平台的权限。"*但并非所有数据挖掘实例都征求用户明确同意。即使征求过意见，这种"同意"也不一定是自由和自愿的。如果用户需要"同意"收集数据以访问基本服务，如在线银行或健康应用程序，那么应在什么情况下完全同意交出个人信息？别无选择——用户*必须*同意才能访问基本服务。此外，没有人有时间阅读冗长而复杂的条款和条件，并且没有明确规定"指定的特定目的"，这对真正的自由和知情同意是一种嘲弄。

大数据引发的第二个与同意相关的问题涉及*推断*数据的使用。推断或"派生"数据（例如用户居住地点可以从其邮政编码中推测出）可以与*收集到*的数据（用户明确、有意提供的数据，如姓名）和*观察到*的数据（用户被动或间接提供的数据，如笔迹、口音或击键频率）区分开来。机器学习和大数据实际上是为了促进推理。例如，当机器学习工具将提交的纳税申报表标记为潜在欺诈时，它不是基于直接可确定的信息（欺诈本身），而是基于它在可直接确定的信息（报告的收入、损失等）和感兴趣的现象（即欺诈）中学到的有意义关系。在以前纳税申报信息的可靠数据集中，可能会发现连续纳税年度报告的损失比平常（其本身可直接确定的信息）更多，这也许与已知的税务欺诈事件密切相关。根据第 1 章，税收欺诈可

---

\* 有趣的是，Facebook 并不直接出售任何数据，他们不是"数据经纪人"。相反，他们通过向广告商提供有针对性的广告投放服务来变现其数据。他们通过数据分析工作，确定最适合特定产品的客户群，然后让广告商提供定向广告投放服务。这就好像 Facebook 对一家旅行社说："我知道所有的中年基督徒火车爱好者。我不会告诉你他们是谁，但如果你付钱给我，我会把你的信息传递给他们。"

以作为"预测变量",即推断特征(如给定年龄的死亡率,或给定身高的体重)。隐私法的问题在于是否必须获得同意才能使用此推断信息。推断数据的计算方式是否与主要(收集到和观察到的)数据相同?

这并非只是学术上的担忧。想一想使用非敏感信息来预测个人敏感信息的机器学习技术。隐私倡导者对使用明显不相关的数据(如位置信息、社交媒体偏好、不同应用程序亮屏时间或手机活动时间)来汇总和预测高度敏感的信息(如性取向或政治信仰)表示担忧。一项研究发现,计算机用户的情绪状态可以通过击键率等看似无害的信息来推测出。[10]2017年,斯坦福大学的一项研究声称,一种算法可以在81%的情况下成功区分男同性恋和男异性恋,在71%的情况下区分女同性恋和女异性恋。该研究使用深度神经网络技术,从超过35 000张照片中提取面部特征,而许多人可能认为这些面部特征不敏感(毕竟,脸是人的一部分,总是向世界开放的)。笔者得出的结论是:"鉴于公司和政府越来越多地使用计算机视觉算法来检测人们的亲密特征,我们的发现表明这对男同性恋和女同性恋的隐私和安全造成威胁。"[11]基于方法论的原因,人们对这些特定的发现持相当大的怀疑态度[12],但纠正原始模型不足的后续模型似乎仍然具有从照片中识别性取向的能力。[13]

除了机器学习带来的这两个最重要的数据保护问题之外,近年来还出现了其他一系列不太明确的问题。一是从匿名数据集中重新识别出用户身份的潜力。学术界经常使用匿名化来保护实验对象隐私。人们很容易忘记,心理和医学实验不只是进行实验而已。在无数预防措施和道德协议中,研究人员必须招募志愿者,保证受试者的个人信息不会落入坏人之手,这样才会更容易招到人。但保罗·奥姆(Paul Ohm)等学者强调匿名化技术已经变得十分脆弱。奥姆指出,尽管努力将公开可用的信息匿名化,但仍有可能高度准确地预测出特定个体的身份。[14]这对科学研究来说不是一个好兆头。重新识别非常容易。例如,某人可能患有罕见疾病或居住在某农村地区,而该地区和某人特征相似的人很少。在其他情况下,由于个人信息不是那么唯一可识别,因此重新识别可能更加困难,但通过技术进行重新识别仍然非常简单。法国的一项研究发现，在一个数据集中，可根据用户使用的两个智能手机应用程序重新识别出 75% 的用户。如果智能手机应用程序增加至四个，重新识别率将增至 90%。[15]

还有一个问题是：现有的数据保护标准如何保护用于机器学习和大数据分析的个人信息？这些问题涉及：个人如何访问其信息？谁具有更正责任来控制信息？数据链的哪些环节应该具有确保准确性义务（特别是当信息被重新利用或传递给第三方时）？应规定哪些数据删除义务？在删除数据之前可以保留多长时间？在一些司法管辖区，只回答了部分问题。即便如此，这些答案也并不总是肯定的。

## 人工智能、隐私和消费者

那么，在实践中，这一切将如何影响个人以及家人、朋友和社区中其他人的隐私呢？个人对隐私的期望是什么？考虑到个人可能觉得自己拥有的知识或权利很少，个人对隐私的期望是否重要？

首先，来考虑下之前提到的定向广告。从刚度过的周末到想买的新鞋，这些广告几乎关注个人线上生活的方方面面。定向广告是线上销售、产品和服务推广的一个关键部分，并为全世界许多公司使用。为什么这种特殊的机器学习应用会带来消费者隐私风险？正如我们所看到的，有一些与同意有关的反对意见。但这是全部吗？

定向广告对消费者隐私构成风险的一种方式是其潜在的歧视性。事实上，这些做法不仅仅旨在影响用户从一系列选择中选择产品或服务，用于推广这些的技术也会影响*用户是否会在一开始获得某些选择*。

以住房为例，2019 年初，美国政府对 Facebook 提起诉讼，指控其定向广告算法违反《公平住房法》，歧视一些人，使用数据挖掘技术限制哪些用户能够查看其与住房相关的广告。[16]《公平住房法》将住房和住房相关服务中的歧视定为非法。例如，宣传只为特定种族、肤色、国籍、宗教、性别或婚姻状况的人提供住房是违法的。住房和城市发展部部长本·卡森（Ben Carson）概括道："Facebook 会根据人们的身份和居住地进行歧视。使用计算机来限制一个人的住房选择可能就像在某人面前关上一扇门一样具有歧视性。"[17]如果提供有针对性广告的公司具有显著的市场主导地位，这种影响可能会放大。据估计，Facebook 控制着美国约 20%的在线广告。*

公共诉讼很有帮助，因为它们使我们能够至少监控正在发生的一些事情，并对影响消费者的行为进行司法监督。但评论员指出，国家公平住房联盟、美国公民自由联盟和其他民间社会团体最近对 Facebook 提起的诉讼已在庭外和解，并且在其中一些案件中，和解条款保密。这使得很难弄清楚此类诉讼迫使公司采取的具体隐私保护措施是什么（如果有的话）。[18]

现在你可能会认为，在线歧视性广告的整个业务并不*只是*隐私问题，涉及反歧视、公平交易和人权问题。尽管如此，我们不要忘记歧视性广告是*歧视性*的（就*甄选*而言），基于预测用户画像的技术——事实上，技术可以推断出个人可能不想让别人知道的事情。在一些国家，同性恋是非法的，可判处死刑。能识别出性取向的软件会把用户"赶出"机场安检点，这样不仅给人带来不便，还可能会危及生命。

让我们考虑另一种信息使用方式，特别是机器学习和自然语言处理工具正用这种方式影响用户作为消费者的隐私：用于开发消费者行为预测工具的训练数据。这显然是一个隐私问题。我们的行为、意图和内心深处的倾向正在被预测，甚至可能被操纵（见第 7 章）。正如我们所讨论的，那些正在开发的机器学习工具依赖于现有的数据集来训练和测试它们。这些数据集的大小、质量和多样性各不相同，并且根据正在开发的人工智能的类型以许多不同的方式被使用。那么这些数据是从哪里来的？用户可能会惊讶地发现自己可能已将个人信息提供给了训练数据集。例如，如果曾经

---

　* 其他国家也存在类似的歧视。例如，2018 年，隐私国际（Privacy International）向英国、法国和爱尔兰的数据保护机构投诉了七家公司，指控他们将个人数据用于定向广告和剥削目的。

给保险公司、电话或电力公司打过电话，你可能已经为收集此类训练数据做贡献了。你可能会想起一条恼人的自动生成语音消息，即告诉你通话"可能会出于质量和培训目的而被录音"。想象一下，有成百上千，也许是数百万条通话记录可用于训练识别各种有用事物的自然语言处理工具：男性和女性声音的差异、某人生气和不高兴时声音的特点、客户提出的典型问题，以及他们提出的典型投诉。

正在考虑取消保险单并换其他保险公司？根据用户行为，机器学习工具可以预测这一点。客户"流失预测"或流失率是许多公司的重要绩效指标，能够预测和减少潜在的流失客户是显著的业务优势。这些模型可以根据数千名已切换账户和留下来的客户的行为数据进行训练。使用此信息来预测潜在的流失客户，可以生成"风险"客户列表，并将其发送给客户经理以进行审查和采取行动。

这可能有好的一面。要不是保险公司打电话来询问是否仍然对其产品满意，你也许就错过了一笔更好的交易。但是，当这些类型的数据集用来根据预先选择的信息类别，如年龄、性别、病史、地点、家庭状况等，创建不同类型人的档案时，就会出现大量错误预测。如果为客户生成的个人资料与客户实际情况大相径庭，从而导致客户错过了某些选择，怎么办？\*如果像弗吉尼亚·尤班克斯一样，因为当你的家庭伴侣受到攻击时，你理所当然为家庭护理服务提出健康保险索赔，同时又在换工作和购买新保单，而算法却将家庭健康保险账户标记为可疑行为，你会怎么办？我们知道，算法可以推断出很多不可思议的事情。如果推断正确，这种令人毛骨悚然的因素另当别论；但如果推断错误，则是另一回事。[19]

有的公司还将动态价格差异与数据收集相结合，让算法能够实时为服务定价。例如，Salesforce 和德勤在 2017 年的一份报告中发现，尽管主要品牌企业对算法的采用率仍然很低，只有超过 1/3 的此类企业采用

---

\*　你可以查看 Facebook 个人资料，看看被归在哪些类别。进入"设置"—"隐私快捷方式"—"更多设置"—"广告"—"你的信息"—"审查和管理你"。你会看到一些真实的东西，可能还有一些奇怪的东西。

了人工智能，但在那些已经使用算法工具的企业中，40%正在使用这些工具定价。[20]

为什么这很重要？好吧，你可能会认为自己在网上自由漫游，私下里随心所欲地在搜寻自己想要的信息。事实上，私人网络生活正越来越多地被策划、过滤和缩小。在这个过程中，不仅网民的隐私范围缩小了，而且参与公共生活的广度也在缩小，这仅仅是因为限制了网民接收*各种*类型信息的自由（见第 7 章）。这不仅会影响网民在线获得的机会和选择，也越来越多地影响线下生活，包括工作（见第 9 章）。对隐私的影响之一是在工作时不断受到监控的不利影响。正如之前提到的，这是另一个领域，不同的隐私维度（这里指领土和信息维度）正在融合。雇员的个人信息可用于帮助雇主推断"此类工人"的活动和习惯。被摄像头"监视"和被算法"知道"之间的区别变得不那么重要了。

## 人工智能、隐私和选民

2017 年上半年，一则英国脱欧公投的新闻被曝出——这则新闻将改变英国乃至全世界的政治竞选格局。英国的媒体报道说，剑桥分析公司和相关公司（为了便于参考，我们就统称为"剑桥分析公司"）通过提供数据服务，支持对选民进行微观定位，协助了脱欧竞选。18 个月后，即 2018 年 11 月，英国信息专员伊丽莎白·德纳姆（Elizabeth Denham）报告了此事的调查结果，在此期间她聘请了 40 名调查员，确定了 172 个组织和 71 名证人，发出 31 份要求提供信息的通知，执行了 2 项搜查令，发起了 1 项刑事起诉，没收了 85 件设备、22 份文件和 700TB 数据（相当于超过 520 亿页的证据）。[21]调查揭示了政治运动如何利用个人信息来针对潜在选民传递政治信息和广告。它揭示了数据经纪人、政党和竞选活动以及社交媒体平台之间复杂的数据共享系统。专员总结说："我们可能永远不知道个人是否在不知不觉中受到影响，在英国脱欧公投或美国竞选活动中以某种方式投票。但确切的一点是，一些参与者损害了选民个人隐私权，我们需要改革数字选举生态系统。"[22]

　　同样，关键问题在于，在未经同意和违反 Facebook 政策的情况下，出于某种目的收集的数据用于完全不同的另一目的。专员发现，剑桥分析公司与大学研究人员和开发人员亚力克桑德拉·科根（Aleksandr Kogan）博士合作成立了一家公司——GSR，该公司与剑桥分析公司签订合同，开发了一款新的应用程序——"这是你的数字生活"（this is your digital life）。用户登录 Facebook 并授权该应用程序将他们的数据*以及他们的* Facebook 朋友的数据提供给 GSR 和剑桥分析公司。（为了防止这种分享，朋友们不得不取消选中他们 Facebook 个人资料中默认打开的字段，在这之前几乎没有用户这样做）。新应用程序能够访问大约 320 000 名 Facebook 用户，这些用户在登录 Facebook 账户时进行了详细的性格测试。通过这样做，该应用程序能够收集用户的公开资料（包括出生日期、当前城市、用户被标记的照片、他们喜欢的页面、时间线和新闻源帖子、朋友列表、电子邮件地址和 Facebook 消息）。Facebook 估计，包括受影响的 Facebook 朋友在内，该款应用程序用户总数约为 8700 万人。[23]

## 我们应该放弃隐私吗？

　　考虑到以上所有问题，我们不禁要问：隐私已经消亡了吗？与普遍的看法相反，在人工智能时代，人们对隐私的需求可能会增加而不是减少。许多调查表明，消费者重视其线上隐私。2015 年，一份美国消费者报告发现，88% 的人认为没有人在监听或监视自己很重要。与这一发现相呼应的是，皮尤研究中心的一项研究发现，大多数美国人认为在日常生活中维护个人隐私很重要，或者说非常重要。关于线上生活，93% 的成年人表示控制谁可以获得个人信息很重要，95% 的人认为收集到的个人信息很重要。然而，同一项调查发现，近 2/3 的人不相信线上广告商、社交媒体网站、搜索引擎提供商或在线视频网站会确保他们的线上活动安全。[24]

　　隐私国际和电子前沿基金会等世界民间社会组织以及消费者权益组织

长期以来一直呼吁加强用户对在线个人信息收集和使用的控制。他们还提倡简化隐私保护措施。事实上，的确有一些方法可以限制在线广告的影响，但令人惊讶的是很少有人会用这些方法。有时是公司让事情变得困难。如果不同意电话被录音，就可能无法访问服务。在其他情况下，即使确实注意在线活动，例如远离某些平台或不发布有关个人政治信仰、健康状况或社交活动的信息，算法仍然可以预测用户下一步可能会做什么。在禁用 Facebook 中的"朋友许可"功能之前，个人信息可能已存储在朋友的社交媒体账户中，因此如果朋友选择允许其他应用程序访问他们的联系人，其朋友的个人信息可能会受到攻击。另一个重大障碍是缺乏简单的工具来帮助消费者。

## 我们可以在人工智能时代保护隐私吗？

现在，个人信息和非个人信息之间的界限更加模糊。数据利用的新形式、数据收集的新形式以及通过机器学习工具使用个人信息创建用户画像和预测的新方式，层出不穷。结果，我们讨论过的隐私的各个方面都在以令人兴奋、复杂和困惑的方式扩展和收缩。鉴于这一切，你可能会问：我们能否更好地保护个人隐私？对个人隐私设置承担更多责任是一步，但还能做些什么呢？

有人呼吁加强技术开发中的隐私。安·库瓦基安（Ann Couvakian）创造了"设计隐私"这一短语，帮助将技术开发人员对隐私增强技术的要求概念化。[25]欧盟 GDPR 开辟了新领域，限制在某些情况下使用自动化处理并要求向个人提供有关其存在、所涉及的逻辑以及对相关个人的重要性和拟议后果的信息。GDPR 还赋予了用户更正和删除个人信息的权利。

请记住，机器学习的预测准确性取决于未来是否和过去一样（见第 1章）。如果算法经过训练和测试的数据保持不变，那么预测也将保持不变，这很好。但数据很少是静态的。人是会变的，他们会学习新技能，结束一段关系，构建新的关系，更换工作，寻找新的兴趣。总有一些人特立独行，有别于大众对某个年龄段人群的刻板印象，其性别特征、性取向和种族特征也与常人不同。结果，推断可以基于过时的数据或其他通过"肮脏"手段得到的数据。但是，鉴于推理分析变得越来越普遍和持久，关键的一步将是进一步制定法律——超越 GDPR 提供的适度保护。我们可以允许合理推断什么？在什么样的情况下？在什么样的控制下（例如 GDPR 在某种程度上已经授予的访问权、更正权和挑战权）？最近，有人提出合理推断权，从而将数据保护法重新定位为保护个人信息的*输出*，而不是收集和使用个人信息（数据保护法的传统焦点）。[26]该提案要求数据控制者说明为什么特定数据与得出某些"高风险"推论相关，为什么需要得出推论，以及用于得出这些推论的数据和方法在统计上是否可靠。

法律系统还需要明确推断数据的状态——它是否应该获得与其所依据的主要（收集到和观察到的）个人信息相同的保护？有人建议，如果数据处理的内容、目的或结果与可识别的个人相关，则*可以*将推断数据定义为个人信息。[27]

本章谈到了自由和自愿的问题。下一章将更深入探讨合法和非法使用个人信息可能会损害人类代理人自由的方式。

# 7

# 自　主　性

　　自主性是自由社会的一个重要价值，在法律和流行文化中都备受保护和珍视。有些人认为没有自主性，人生毫无意义。1775 年 3 月 23 日，帕特里克·亨利（Patrick Henry）在第二届弗吉尼亚州议会上发表了振奋人心的演说，以一句"不自由，毋宁死"收尾，据说借此说服了人们支持美国独立战争。类似的思想在新罕布什尔州的州训中得到了大胆呼应："要么活得自由，要么死去。"这些想法不仅流行于美国，也同样体现在希腊的国家格言"Eleftheria i Thanatos"中，译为"自由或死亡"。此外，对个人自由和自主的承诺往往是那些身陷囹圄之人的安慰来源。例如，纳尔逊·曼德拉（Nelson Mandela）在被囚于罗本岛期间，通过吟诵威廉·欧内斯特·亨利（William Ernest Henley）的诗《不可征服》（*Invictus*）来安慰自己和其他罪犯。《不可征服》这首诗写于 19 世纪末，当时亨利正从多次手术中恢复过来。它是一首对自我管理、独立和坚韧的赞歌，末句"我是我灵魂的主人/我是我命运的船长"名垂不朽。

　　鉴于自由社会将个体自主性视如珍宝，必须询问：人工智能和算法决策会如何影响个体自主性？众多人担忧人工智能和算法决策的潜在负面影响。该技术的社会批评者担心，人们很快就会被禁锢在预测算法的"无形铁丝网"中，这些预测算法会推动、操纵和强迫人类的选择。[1]以色列历史学家尤瓦尔·诺亚·赫拉利（Yuval Noah Harari）等人认为，广泛部署人工智能的终点是建立一个技术基础设施，它会取代和排除自主的人类决策者，而非对其进行引导和操纵。[2]但他们是对的吗？人工智能真的会危及自主性吗？或者说人工智能可能只是一系列自主增强技术中的最新技术？

在本章中，我们将从炒作和恐慌情绪中走出来，为思考人工智能与个人自主权之间的关系提供更细致的指导。指南分为四个阶段：首先，阐明自主性的性质和价值，解释它是什么以及它在法律体系中如何体现。其次，思考人工智能对自主性的潜在影响，特别是讨论该技术是否对个人自主性构成了一些新的和意想不到的威胁。再次，探讨人工智能对自主性的负面影响是否更可能来自私营部门或公共部门，或两者的某种组合。换句话说，探讨"应该更害怕谁：大型科技公司还是大政府？"最后，思考如何在人工智能发展的时代保护个人自主性。

本章提出的总体立场是，尽管必须警惕人工智能对人类自主性构成的威胁，但重要的是不要夸大这些威胁，也不要认为公民无力阻止它们。

## 对自主性的三维理解

为了正确思考人工智能对自主性的影响，需要厘清"自主性"一词的内涵。开篇将自主性（autonomy）、自由权（liberty）、独立（independence）和自我控制（self-mastery）混合在一起。但这些词是含义相同，还是区别很大？哲学家和政治理论家就这一问题已争论了数千年。他们中的一些人提出了复杂的谱系、分类和多维模型来解释"自由"和"自主性"等术语的含义。[3]需要写好几本书才能把它们全部整理出来并弄清楚哪个是最佳解释。相比之下，本章要做的是提供一个专门的自主性模型。该模型来自长期以来的哲学辩论，那些熟悉这些辩论的人可以追本溯源，但是即使没有任何相关的知识储备，读者也可以明白讨论的内容。本章旨在提供一个相对简单独立但又足够细致入微的自主性解释，以帮助读者理解人工智能对自主性的各种不同影响。

那么，这种自主性模型是什么呢？首先看该词的日常含义，即若要成为"自主"的人，个体必须能够在生活中选择自己的道路，参与自我管理，并且不受他人的干涉和操纵。这种共识是一个很好的起点。它抓住了这样一个概念，即自主性需要一些基本的推理技巧和能力。具体来说，就是在可能的行动方案中进行选择的能力，以及在使用该技能时的相对独立性。

法律和政治哲学家约瑟夫·拉兹（Joseph Raz）曾提出一个著名的自主性定义，为这种自主性模型增添了更多内容。

> 如果一个人要成为自己生活的制造者或创作者，那么他必须具有心理能力来生成足够复杂的意图，并制定计划予以执行。这些心理能力包括最低限度的理性、理解实现目标所需手段的能力，以及制定计划所必需的智力等。一个人要享受自主的生活，就必须使用这些能力来选择想要的生活。换句话说，必须有足够的选项供其选择，并且其选择必须是独立的，不受他人胁迫和操纵。[4]

拉兹的定义将自主性分为三部分，他认为自主的人需要满足以下条件：①拥有基本理性，从而以目标为导向行动；②有充分的选择范围；③独立选择，即不受他人胁迫和操纵。这个定义既适用于单个决策，也适用于整个人生。换句话说，按照拉兹的定义，我们既可以判断生命整体的自主性，也可以判断一个或一系列决定的自主性。有些人喜欢使用不同的术语来区分不同的分析范围。例如，哲学家杰拉尔德·德沃金（Gerald Dworkin）曾建议我们在谈论整个人生（或人生的延伸部分）时，使用"自主性"（autonomy）一词，而在谈论个人决策时则使用"自由"（freedom）一词。然而，这种区分不易理解，因为"自由"一词也被用于拉兹的第三个自主性条件。因此在下文中，只使用"自主性"一词进行指代。此外，本章不会真正讨论人工智能对整个人生的影响，而是讨论它对具体决定或决策环境的影响。

拉兹自主性的三个组成部分很容易被理解成自主决定的必要条件。如果三者同时满足，那么个体是自主的；反之，就不是。但这过于极端。实际上，将这三者视为影响决策自主性的*维度*会更有益处，可分别称之为理性维度、可选维度和独立维度。这些维度也许都有一个最低阈值，以界定决策的自主性，一旦超过阈值，决策或多或少都是自主的。

可以通过比较两种不同的决策例子阐明上述观点。决策一：从 Netflix 等视频软件的推荐列表中选择电影。列表中有 10 部电影，阅读剧情概况并选择最感兴趣的一部。决策二：从谷歌地图等软件的推荐中选择步行路线。该应用程序给出一条推荐路线，并用蓝色突出显示；还给出一条类似的路线，用不太明显的灰色显示。最后你选择沿着蓝色的路线走。这两个选择都是自主的吗？可能是的。可以假设你具有以目标为导向的行动所需的基本理性；应用程序为你提供了一系列选择；而且应用程序显然没有胁迫和操纵你的个人选择（不过，我们将在下面重新评估这一说法）。但一个决定是否比另一个更自主？可能吧。从表面上看，似乎 Netflix 提供了更多的选择和信息，并且没有突出推荐某一部影片，从而使得该决定在第二和第三维度上得分更高，即赋予了消费者更多的选择权和独立性。

以这种三维方式思考自主性大有裨益。它让人们认识到自主性是一个复杂现象，避免简单化和二元性思维。现在可以理解，自主性不是一些简单的非此即彼的现象。决策可以或多或少是自主的，其自主性以不同方式被破坏或促进。在这一点上，重要的是要认识到不同维度之间可能存在实际的权衡，人类需要平衡它们来促进自主性。例如，为决策提供更多选项可能只会在*一定程度上*促进自主性。除此之外，增加选项可能会信息过载，令人困惑，进而损害基本理性。心理学家称之为"选择悖论"（稍后会详细介绍）。[5]同样，对选项稍加限制以及最低限度的强制或干涉可能是充分实现自主性所必需的，这在政治理论中早已得到认可。例如，托马斯·霍布斯（Thomas Hobbes）在其对主权国家的著名辩护中声称，国家需要进行最低限度的背景管控，防止国民陷入痛苦的争斗和相互冲突中。

尽管自主性三维模型的各个方面都值得仔细研究，但应更多地聚焦于独立维度。该维度与"自由"（freedom）和"自由权"（liberty）的标准政治概念相吻合，其背后的关键思想是：为了实现自主，必须实现自由和独立。但这种自由和独立实际上意味着什么呢？拉兹指出，这种自由和独立意味着没有强制和操纵，但这两个概念本身就备受争议，可以以不同的方式呈现。例如，当某个特定选项没有被选择的时候，"强迫"通常包括一些威胁性的干涉（"要么这么做，要么走着瞧！"），而"操纵"可能更微妙，通常涉及一些洗脑或选项限制的尝试。在关于自由的现代政治理论中，决策中没有*实际*干涉与没有*实际*和*潜在*干涉，是两种不同的自由概念，有着重大区别。前者与古典自由主义理论有关，如约翰·洛克（John Locke）和托马斯·霍布斯所提的理论；后者与共和主义的自由理论有关，如马基亚维利（Machiavelli）和爱尔兰近代哲学家菲利普·佩蒂特（Philip Pettit）所支持的理论（不要与美国的共和党混淆）。[6]

我们可以用佩蒂特讲述的简单例子来解释这种区别。想象一个奴隶，即被另一个人合法地拥有和控制的人。如果奴隶主正好是特别仁慈和开明的人，他们拥有法律认可的权力，可以强迫奴隶做任何事，但他们没有行使这种权力。因此，奴隶过着相对幸福的生活，不受任何实际干涉。那么，奴隶是自由的吗？共和主义自由理论的支持者会认为，奴隶并不自由。即使他们没有被主动干涉，他们仍然生活在*被支配*的状态下。仁慈的奴隶主可能只允许奴隶在某些他们随意划定的范围内行动，或者他们可能随时改变主意，介入并干涉奴隶的选择。这是自由的对立面。共和主义者认为，问题在于古典自由主义观点无法解释这一点。如果要适当保护个人自由，必须思考决策的实际和潜在干涉。如果一个人生活在另一个人的支配之下，他就不可能自由。

这是个明智的立场，可以采纳。因此，底线在于，需要确保自主性三维模型的独立维度包括实际和潜在干涉。

目前，自主性的性质已经足够明晰了，那么它的价值呢？为什么有些人宁愿死也不愿意失去它？本章无法确切地回答这个问题，但至少可以描绘出一些*可以*回答的方式。读者可以自己来决定自主性对自身的重要性。

从广义上讲，有两种方式来思考自主性的价值。第一种方式是将自主性视为具有*内在*价值的东西，即本身就有价值，而不管其后果或影响如何。持这种观点的人会认为，自主性是人类繁荣的基本条件之一，是人类真正过上美好生活的必要条件，甚至认为不能自主的生活毫无价值。第二种方式是把它看作具有*工具*价值的东西，即因其典型的后果或影响而具有价值。持这种观点的人可能也会高度评价自主性，但只是因为它利于取得好的结果。这是一种常见的观点，在政治和法律对自主性的论证中广泛存在，颇为重要。这种观点认为，如果让人们做自己的事情，他们会过得更好。他们可以选择做最有利于其幸福的事情，而不是让国家或第三方替他们完成这些事。当然，与此相反的是*家长式*观点，认为人类行为并不总是符合其最大利益，有时也需要帮助。家长主义与自主性之间的斗争普遍存在于现代政治辩论中。一个极端是有些人谴责"保姆国家"总是介入并认为它最了解情况；另一个极端是有些人哀叹其同胞的不理性，认为如果让人类自己做决定，他们都会成为肥胖成瘾者。大多数人可能会保持在这两个极端之间。

当然，人们也许会同时认可自主性的内在价值和工具价值，认为自主性本身是有价值的，且更有可能促成更好的结果。甚至还有更奇特的观点。例如，本书的一位作者就曾为以下说法进行辩护，其认为自主性既没有工具价值也没有内在价值，相反，它能使好事更好，坏事更坏。[7]例如，想象两个连环杀手，一个自主选择杀死很多人，一个被洗脑后杀了很多人，二者相比，谁的行为更糟糕？显然是前者。后者缺乏自主性似乎可以减轻罪责。当然，这种行为依然恶劣，因为许多人死于其手。但如果被害人之死是由凶手的自主选择导致的，那么事情似乎更糟，更邪恶。比较偶然发生的好事与自主导致的好事，其结果也是如此。

无论持哪种观点，都需要考虑更多的复杂问题。首先，需要考虑自主性在价值层次中的位置。生活中有很多被视如珍宝的事物，包括健康、社交、友谊、知识、幸福等。自主性比这些东西更重要，还是说差不多？我们是否应该愿意牺牲一点自主性来活得更久、更快乐（就像家长式观点可能提出的那样）？或者我们是否要认同帕特里克·亨利的观点，即失去自由比死亡更糟糕？对这些问题的回答将深刻影响人类如何对待人工智能可能对自由构成的威胁。

对此，打个比方也许会有帮助。第 6 章讨论了隐私的重要性。很多哲学家、律师和政治理论家都认为隐私很重要，但也有人质疑社会对隐私投入过多。毕竟，互联网时代的教训似乎是，人们非常愿意放弃他们的隐私权，从而获得快速和有效的数字服务。这导致一些人认为，当前可能正在过渡到一个后隐私社会。对于自主性来说，情况是否类似？人类是否愿意放弃自主性，从而从人工智能中受益？是否会过渡到一个后自主性社会？在审视自主性的潜在威胁时，需要认真思考这些问题。

最后，还应该考虑自主性（无论基于何种价值观）与其他基本法律权利和自由之间的关系。例如，许多经典的消极法律权利在自主性价值上具有坚实的基础，包括言论自由、行动自由、契约自由、结社自由，当然还有隐私权和独处的权利。尽管这些自由都有经济和政治上的理由，但也可以通过自主性价值来证明其合理性，并且保护这些权利有助于促进自主性。简而言之，这似乎证明了以下观点，即无论基于何种价值观，自主性都是法律和政治框架的基础。所有人都对它抱有兴趣。

## 人工智能和算法决策是否破坏了自主性？

深入了解了自主性的性质和价值之后，接着转向当下面临的问题：人工智能和算法决策的广泛部署是否损害了自主性？如前所述，批评家和社会评论家已经提出了许多看法，但有了三维模型，就可以进行更细致的分析。我们可以从自主性的三种维度来考虑这些新技术产生的影响。

要这样做，就必须先承认有值得关注的理由。首先要思考上述三种维度中的第一种：基本理性。本书的前几章已经强调了人工智能和算法决策工具可能会对其产生影响的各种方式。基本理性取决于理解行动与目标关系的能力。这需要一定的能力来推断世界的因果结构，并选择最可能实现目标的行动。人工智能的一个问题是，它可能会阻止人类对因果关系的推断。考虑一下第 2 章讨论的不透明性和缺乏可解释性的问题。人工智能系统很可能只会推荐人类应该遵循什么行动，而不会解释这些选项为什么或如何与目标相关。人类只需要相信它。布雷特·弗里施曼（Brett Frischmann）和伊万·塞林格（Evan Selinger）在最近出版的《逆向工程破解人性》（*Re-Engineering Humanity*）一书中，以鲜明的语言阐述了这种恐惧。他们认为，过度依赖人工智能的后果之一是将人类改写为简单的"刺激-反应"机器。[8]人类看到人工智能的建议，并在没有任何批判性反思或思考的情况下实施回应，这危及基本理性。

可选维度也会出现类似的问题。在面向消费者的服务中，人工智能最普遍的用途之一是"过滤"和限制选项。例如，谷歌借助过滤信息、排序链接来响应搜索查询。因此，它减少了查找所需信息时必须处理的选项数量。Netflix 和亚马逊产品推荐机制基本相似。他们从用户过去的行为（以及其他客户的行为）中学习，进而从大量的潜在产品中进行筛选，提供有限选择。通常这种选项过滤是备受欢迎的，它使决策更易于管理。但如果人工智能系统只提供一两个推荐，并且赋予其中一个推荐 95% 的置信度，那么就不得不质疑它是否能维护自主性。如果选项太少，如果人类的批判性反思或思考受到阻碍，那么可以说，人类失去了成为自己生活创作者所必需的东西。第 5 章讨论的控制问题，正是对这一问题的专门阐述。

最后，独立维度也可能因使用人工智能而受到损害。事实上，独立维度甚至可能是无处不在的人工智能最明显的牺牲品。为什么？因为人工智能为我们的决策提供了许多实际和潜在的干扰。由人工智能进行或通过人工智能进行的直接胁迫就是一种可能。例如，如果我们不遵循建议，人工智能助手可能会威胁要停止服务。家长式政府和公司（如保险公司）可能会试图以这种方式使用该技术。但同时，也可能存在不那么明显的干涉。人工智能驱动的广告和信息管理的使用，会促成过滤气泡和回声室效应。[9]结果，人类最终可能会被困在技术"斯金纳盒子"里，在其中，遵循某种政党思想路线可以获得奖励，因此人类被操纵拥有了不属于自己的偏好。有迹象表明这种情况已经发生，许多人表达了对人工智能介导的假新闻以及政治辩论中两极分化的政治广告影响的担忧。[10]其中一些广告可能体现了最微妙、最隐秘的支配形式，杰米·萨斯坎德将其称为"感知控制"（perception-control）。[11]从字面上看，感知控制是影响人类感知世界方式的尝试。过滤是感知控制的关键。世界混乱复杂、令人困惑，所以人类必须找到中介来完成与世界的交互，避免被细节淹没。要么自己完成筛选和排序，要么借助外力，如商业新闻媒体、社交媒体、搜索引擎和其他排名系统，后者是更可能的情况。在这两种情况下，某人（或*某物*）都在做出选择，即有多少相关信息，需要多少背景铺垫才能使其易于理解，以及需要知道多少。虽然在过去过滤是由人类完成的，但现在越来越多的过滤由复杂的算法来完成，这些算法根据对人类偏好的深入了解来吸引他们。通过购买记录、Facebook 的点赞和转发、Twitter 的推文、YouTube 观看记录等可靠地推测出这些偏好。例如，Facebook 显然会根据"点击、点赞、转发[和]评论"等约 10 万个因素过滤并推送新闻。[12]在民主领域，这项技术通过针对性的政治广告，为实现主动操纵铺平了道路。"黑暗"广告会被推送给最有可能受其影响的人，而免受公开反驳和争论，但思想市场的运作正是依赖于这种争辩。新兴数字平台所导致的感知控制程度确实是史无前例的，而且可能会前所未有地将权力集中在少数科技巨头和痴迷于法律与秩序的国家当局手中（见下文）。[13]

最重要的是，政府和科技巨头大规模使用监控，在生活中创造了一种新的支配形式。数字全景监狱中实时观察和监视人类，人类尽管可能不会受到持续的主动干涉，但倘若脱离人工智能规划的轨道，就总是有可能被干涉。如此，人类的处境就有点像数字奴隶，生活在数字主人的任意摆布之下。这恰恰与共和主义自主性概念背道而驰。[14]

但还需要讲另一件事情。人们很容易夸大关于人工智能和丧失自主性的恐慌。不过，我们必须全面看待此事。人工智能可以促进和加强自主性。通过管理并将信息整理成有用的组合，人工智能可以帮助梳理现实中复杂混乱的局面。这可以促进理性，而不是阻碍理性。同样，如前所述，对选项的过滤和限制，只要没有太过线，实际上可以使决策问题在认知上更易管理，以此来促进自主性。太多的选择只会导致停滞不前、无所适从，缩小选择范围可以解放人类。[15]人工智能助手还可以保护人们免受外部形式的干涉和操纵，如过滤掉复杂思想的垃圾邮件。最后，也最普遍的是，必须认识到，像人工智能这样的技术可以提高人类对世界的掌控力，完成从前力不能及的事。谷歌让人们史无前例地获得更多有用（和无用！）的信息；Netflix 让人们能够获得更多的娱乐体验；像 Alexa 和 Siri 这样的人工智能助手让人们能够有效地安排和管理时间。熟练使用人工智能可能会极大促进自主性。

还需要考虑现状偏差（status quo bias）或损失厌恶（loss aversion）的危险[16]。通常，当一项新技术出现时，人们会很快发现它的缺陷，并识别出它对自主性等珍贵价值构成的威胁，却无法同样迅速地发现这些威胁已经是现状的固有成分。人类已经对这些威胁麻木不仁了。这似乎是人工智能对自主性构成的威胁，但消除所有对自主性的潜在威胁是不可能的。人类并不是完美的自创命运的主人，而是依赖于自然环境和其他同胞。更重要的是，他们在破坏彼此自主权方面历史悠久。几个世纪以来，人们一直在通过宗教文本和政府指令来损害理性，限制选择，操纵彼此思想。但是，人类也创造了相当健全的宪法和法律架构，防范最严重的威胁。有什么理由认为人工智能对自主性的威胁异乎寻常、与众不同吗？

也许有。尽管对自主性的威胁并不是新鲜事，但人工智能确实为引发这些威胁创造了新的模式。例如，人们对人工智能的一个重要担忧是，它如何将破坏自主性的权力集中在少数关键行为者（如政府和科技巨头）身上。在过去，破坏自主性的权力分散得更广泛。邻居、同事、朋友、家人、国家和教会都可以试图干涉人们的决策，并在思想上约束其行为。其中一些人的影响相对无力，因此实际上可以忽略他们的威胁。人们也总是希望这些不同的破坏力量可以相互抵消，或者相对容易被忽视。但这也许不再可能了。互联网让彼此相连，并且创造了一个环境，在其中，少数关键公司（如 Facebook、谷歌、亚马逊）和资金充足的政府机构可以在限制自主性方面发挥巨大作用。此外，站在企业角度，很可能所有的关键参与者都有强烈的动机想让人们保持思想一致。社会心理学家和社会理论家肖珊娜·祖博夫（Shoshana Zuboff）在她的《监控资本主义的时代》（*The Age of Surveillance Capitalism*）一书中指出，所有占主导地位的科技平台都有动力去推动监控资本主义的思想[17]。这种思想鼓励从个人数据中提取价值，并通过让人们正常化和接受大规模数字监控和预测分析的广泛使用来发挥作用。她认为，当人们欣然接受数字服务的便利性，并认为其在隐私方面的成本稀松平常时，就能够通过微妙和隐蔽的方式监控资本主义。政府利用人工智能时也是如此。例如，通过（与私营企业合作推动的）社会信用体系，中国政府使用数字监控和算法评分系统来完成评估好公民的模型[18]。人工智能通过互联网广泛传播的最终结果是，它赋予了少数行为者破坏自主性的巨大权力。这可能是对自主性真正的前所未有的威胁。

人工智能还可以通过比传统自主性威胁更难被抵制和反击的方式，损害自主性。在过去的几十年里，"助推"（nudge）的概念已经在政策界广为流传，凯斯·桑斯坦（Cass Sunstein）和理查德·塞勒（Richard Thaler）的著作《助推》首次提到这一概念。[19]桑斯坦和塞勒对利用行为和认知心理学的见解改善公共政策很感兴趣。他们知道，几十年的研究表明，人类在决策中存在系统性偏差：他们无法正确推导概率和风险，在思考时厌恶损失、目光短浅。[20]。因此，他们的行为往往与长期福祉相悖。这似乎为家长式干涉提供了理由。由于无法信任个体会做正确的事，所以必须由别人来替他们做。例如，政府需要介入并推动人们走上正轨。桑斯坦和塞勒提出的问题是："如何在不完全破坏自主性的情况下做到这一点？"他们的答案是助推而非胁迫人们正确行事。换句话说，就是利用行为心理学的见解，温和地推动或激励人们做正确的事情，但同时始终保留他们拒绝助推并行使自主性的权利。这需要对人们每天面临的"选择架构"进行仔细设计，使某些选项更有可能被选择。桑斯坦和塞勒介绍的经典助推例子包括：改变选项的默认设置，从默认退出改为默认加入（从而利用人类天生的懒惰和对现状的忠诚）；改变展示风险的方式，强调损失而非收益（从而利用人类天生的损失厌恶倾向）；以及改变展示信息的方式，使某些选项更加突出或具有吸引力（从而利用人类看待世界的天生怪癖和偏差）。

多年来，关于助推是否真正保护自主性的争论不绝于耳。批评者担心，有些人会以操纵和不透明的方式利用助推，最终削弱人们为自己做出选择的能力（因为助推在不被察觉时效果最好）。桑斯坦回应称，如果遵循一定的指导原则，助推可以保持自主性[21]。无论这些争论有何优点，监管理论家凯伦·杨都认为，人工智能工具促进了一种新的、更极端的助推形式，她称之为"超级助推"（hypernudging）。[22]她认为，持续的数字监控结合实时的预测分析，使软件工程师能够创建出一种不断适应并回应用户偏好的数字选择构架，将人们助推至正确方向。其结果是，一旦个体学会拒绝某种助推，人工智能系统就可以更新选择构架，生成一个新的助推。因此抵制助推和实现自主性的能力大大降低。

同样，人工智能可以更普遍和微妙地支配人类生活。哲学家汤姆·奥谢（Tom O'Shea）在另一种背景下对此进行了论述，认为存在"微支配"（micro-domination）。[23]当许多小规模的日常决策只能在另一个行为者（"支配者"或主人）的指导和许可下做出时，就会出现这种情况。奥谢举了一个生活在公共医疗机构中的残疾人的例子来阐释其观点。他们做出的每一个决定，包括什么时候起床、什么时候去洗手间、什么时候吃饭、什么时候外出等，都要经过机构雇用的看护人的批准。如果残疾人遵守看护人的意愿（和机构时间表），那么他们的生活就会很顺利；但如果他们想违背这些，就会很快发现自己根本无法随心行事。单独来看，这些决定不是很关键，并不涉及重要的权利或人生选择，但将所有这些"微小"支配实例加在一起，就构成了对个体自主性的重大潜在干涉。

人工智能的普遍使用可能会导致类似的结果。思考一个假设的例子：杰梅因（Jermaine）的一天。就在今天早上，杰梅因被他的睡眠监测系统叫醒了。该系统每晚记录他的睡眠模式，并根据观察设置闹钟，以便在最佳时间唤醒他。到达工位后，杰梅因迅速查看了社交媒体，收到了一系列根据他的喜好和兴趣量身定制的信息，并被鼓励向粉丝更新动态（"Facebook 上的一千名粉丝已经有一段时间没有收到你的消息了"）。开始工作时，杰梅因的手机嗡嗡作响，一个健康和健身应用程序提醒他该去跑步了。当天晚些时候，他开车去镇上开会时，谷歌地图会为他规划路线，还会在偏离导航时，重新计算线路并给出新的引导。他忠实地遵循着这些建议。只要有可能，杰梅因就会使用汽车上的自动驾驶软件来节省时间和精力，但它时不时会提示他控制汽车，因为有些障碍物似乎没有写入程序，它无法处理。还可以举很多例子，但这些已经足够说明问题了。在杰梅因的日常生活中，许多小规模的可以说是微不足道的选择现在都受制于一个算法大师：指导着他的开车路线、交谈对象、锻炼时间等等。只要他在人工智能提供的偏好和选项内行事，他就没事。但是，如果他离开这些推荐，他将很快意识到自己对其依赖，并发现自己无法随心所欲地做事（至少在他适应新常态之前）。

事实上，这不是一个纯粹的假设问题，其正在变为现实。社会学家珍妮特·弗特斯（Janet Vertesi）记录了当她和丈夫试图向互联网营销师（追踪购买记录、关键词搜索和通过社交媒体与之对话的人）隐瞒怀孕事实时，是如何被标记为潜在罪犯的。

> 几个月以来，我一直对家人开玩笑说，我可能会因为过度使用Tor和超额提款而被列入超额交易观察名单。但后来，我丈夫去当地的小商店想买足够的礼品卡去亚马逊换购一辆婴儿车。在那里，收银员身后的警告牌提醒他，该店"保留限制预付卡每日购买额度的权利，并有义务向当局报告超额交易"[24]。

她只是踏出数字全景监狱一步，就很快意识到它的力量。

以人工智能为媒介的超级助推和微支配，最终可能导致习得性无助（learned helplessness）。人类也许希望挣脱人工智能服务和工具的力量，但要摆脱它们的影响实在太难了。传统的抵抗形式不再有效，遵循比抵抗要容易得多。

所有这些都描绘了一幅反乌托邦图景，并表明人工智能对自主性的威胁可能确实与众不同。它可能不构成新的威胁类别，但却扩大了传统威胁的范围和规模。

但是同样地，在接受这种反乌托邦观点之前，需要保持一定程度的怀疑。上述威胁都是在对人工智能性质和算法权力的反思中推断出来的，而并非基于对其实际影响的严谨实证研究。不幸的是，目前还没有太多关于这些影响的实证研究，但现有的少数研究表明，上述一些威胁并未真正实现。例如，民族志学家安杰尔·克里斯汀（Angèle Christin）对描述性和预测性分析工具在不同工作环境中的影响进行了深入研究[25]。具体而言，她关注了网络新闻中的实时分析以及刑事法庭中的算法风险预测带来的影响。尽管她发现员工对这些技术有相当多的夸张言论和担忧，但该技术的实际影响力更为有限。她发现两种环境中的员工经常忽视这些算法工具提供给他们的数据和建议。鉴于本书的关注重点，她在刑事司法风险预测方面的发现尤为引人注目，至关重要。如前几章所述，很多人对这些工具中固有的潜在偏差和歧视感到担忧，但克里斯汀发现在实践中很少有人关注它们。大多数律师、法官和假释官要么完全忽视它们，要么主动"玩弄"它们，以达到想要的结果。这些官员还对此类工具的价值表达了相当大的怀疑，质疑它们背后的方法，并且相比于技术提供的意见，他们通常倾向于相信自己的专业意见。*同样，对思想限制的忧虑似乎也被夸大了，特别是在政治领域。的确有证据表明，不同群体和民族国家在网上传播假新闻和错误信息。[26]他们经常通过机器人而非真人来传播这些消息。但政治学家安德鲁·格斯（Andrew Guess）、布伦丹·奈恩（Brendan Nyhan）、本杰明·莱昂斯（Benjamin Lyons）和杰森·赖夫勒（Jason Reifler）的研究表明，人们不会如大家担心的那样，陷入数字回声室中，因为大多数人仍然依靠传统的主流新闻媒体获取新闻。并且事实上，线下比线上更容易陷入回声室效应（只承认或接受与自己观点相近的回应）！[27]

像这样的发现，再加上人工智能可能增强自主性的效果，为谨慎乐观提供了一些理由。除非被迫使用人工智能工具，否则人类抵抗其不良影响

---

\* 第 5 章提到，当技术被认为是次优的时候，人工智能并不会诱发自满情绪。

的能力比他们想象中的要大。强调这一点很重要，不要被无能为力和悲观宿命论的叙述所诱导。

## 大科技公司还是大政府？

在上述讨论中出现了一个小难题。目前我们已经讨论了人工智能对自主性构成的各种威胁，并且在评估这些威胁时，已经指出了其细微差别以及使用三维思维的理由，但尚未区分这些威胁的来源。最大的威胁来自大科技公司还是大政府？这重要吗？

也许有人会说这很重要。有一则古老的比喻形容那些亲商业、反政府的坚定自由主义者（你在硅谷经常发现的那种）：他们警惕一切来自政府的个人自由威胁，但对来自私营企业的威胁似乎完全无动于衷。

从表面上看，这种不一致似乎令人费解。所有对自主性的威胁都理应受到同等重视吗？但此种双重标准是符合一定逻辑的。政府通常比企业拥有更多的强制力。人们可以选择性地使用企业服务，企业之间的竞争也提供了更多选项，但人们*必须*使用政府服务：无法主动离开它们（除非移民或流亡）。如果接受这一推理，并且回顾上述论点，可能需要重新审视人工智能对个体自主性威胁的重要程度。虽然有些威胁来自政府，我们应该对此保持警惕，但大多数威胁来自私营企业，可能不太值得担心。

但这在当今时代并不特别合理。在人工智能应用方面，政府和私营企业之间通常存在着密切联系，下一章将详细讨论这个话题。不过现在我们可以简单地指出，政府经常购买私营企业的服务，履行影响公民权利的职能。例如，现在广泛用于警务和刑事审判的预测分析工具最终由私营企业拥有和控制，这些企业有偿向公共机构提供此类服务。同样，中国社会信用体系诞生于政府和私营部门的密切合作，这可能是使用数字监控和算法评分来规范公民行为的最具侵略性和普遍性的尝试。因此，在保护自主性的斗争中，将大政府与大科技公司分开并不容易。

更有争议的是，至少有一些大型科技公司在现代社会中起到至关重要的作用，以至于它们（至少在某些方面）需要遵守与公共机构相同的标准。毕竟，只有在私人服务之间存在合理竞争，在人们实际上可以选择是否使用这些服务时，双重标准的说法才真正奏效。当谈到谷歌、亚马逊、Facebook 和苹果公司等科技巨头提供的商品和服务时，可能需要质疑双重标准的合理性。即使这些公司之间存在一些竞争，但它们也倾向于颂唱同一本"监视资本主义"的赞美诗集*。

哲学家米歇尔·洛伊（Michele Loi）和计算机科学家保罗·奥利弗·德哈耶（Paul Olivier DeHaye）在一篇题为《如果数据是新石油，什么时候从数据中提取价值是不公平的？》[28]的挑衅性文章中提出，"主要技术平台"应该视为基本的社会结构，因为它们对人类行为和互动的方式产生了普遍影响。这方面最好的例子是 Facebook 和 Twitter 等大型社交媒体平台，它们影响着人类日常交流和互动方式。洛伊和德哈耶认为，视这些主要技术平台为基本社会结构时，必须要求它们维护社会和政治正义基本原则，其中包括保护人类的基本自由，例如言论自由和结社自由。Facebook 等平台似乎也开始意识到自己在这方面的责任（尽管有更多愤世嫉俗的解释）[29]。无论如何，至少在某些情况下，大科技公司和大政府没有区别。

最后，即使你否认这一点，并依然认为有充分的理由来区分来自大科技公司和大政府的威胁，但重要的是要认识到，仅仅因为政府的威胁可能比私营企业的威胁更为严重，并不意味着可以低估或忽略后者。公民仍然有兴趣确保私营企业不会过度损害他们的自主性，政府也有责任防止这种情况发生。

## 我们应该怎么做？

阐述完自主性的性质和价值以及人工智能对其潜在的威胁，接下来就

---

\* 一个潜在的例外可能是苹果公司，它正试图将自己定位为保护隐私的大型科技公司。

可以讨论如何应对这些威胁。首先要强调，处理这一问题取决于持有的自主性价值观。认为自主性并不是特别有价值，或者认为它只在提高个人幸福的程度上有价值的人，可能对目前的困境相对乐观。例如，此类人可能会接受超级助推的家长式思想，并希望人工智能有助于消除人类的偏差和非理性，从而使人类过上更长寿、更健康、更幸福的生活。换句话说，他们可能愿意支持后自由社会，因为它会带来好处。

但是，那些否定这一点，并认为自主性是一个重要也许是核心价值的人，就会想要做一些事情来促进和保护它。有一句格言广为流传："自由的代价是永恒的警惕。"可能有人会错误地认为这句话是托马斯·杰斐逊（Thomas Jefferson）所说的，但不管出处为何，这似乎是一个很好的原则，当迈入由人工智能普及所带来的勇敢新世界时，人类理应遵守它。因此关于保护个人数据和隐私的全面法律法规（如欧盟的GDPR）是保护自主性的良好开端，因为它们让公民得以控制人工智能的燃料（数据）。如果想保护自主性，拥有强大的同意协议来防止数据的隐匿或未知使用，满足透明度要求，以及控制和删除数据的权利，都是有价值的。

但这些手段可能还不够。最终，我们可能需要特定的法律权利和保护，防止人工智能破坏自主性。在这方面，我们要认真考虑弗里施曼和塞林格关于承认两项新的基本权利和自由的提议。[30]弗里施曼和塞林格认为，为了防止人工智能和算法决策系统将人类变成简单的、不自由的刺激-反应机器，需要承认离开的自由（即不使用技术，不受智能机器摆布或限制）和摆脱工程决定论的自由。弗里施曼和塞林格认识到，人类绝无可能完全不受外物影响和干涉，必然依赖彼此、依赖环境。但他们认为，对人工智能的依赖是不同的，应该从法律和政治角度区别对待。过度依赖人工智能，会腐蚀反思理性和独立思考的能力。事实上，在极端情况下，依赖人工智能，也就不需要自主选择，人工智能将直接代替人类完成工作。这两项新的自由正是为了阻止事态滑向这个极端。

正如他们所设想的那样，这些自由包含一系列积极和消极权利，可能包括不受打扰和拒绝使用主要技术平台的权利。同时技术平台和政府也要承担积极义务，以提升人类反思理性和独立思考的能力。如果要保持抵御操纵和干涉的能力，这种做法必不可少。需要制定相关权利和义务的完整章程。但有一点很明显：公共教育至关重要，要让大众意识到技术对自主性构成的风险。正如杰米·萨斯坎德在《未来政治》（*Future Politics*）一书中指出的那样，积极、知情的公民终究是防止自由丧失的最佳屏障[31]。

## 结　语

那么可以得出结论吗？遗憾的是，没有明确结论。自主性是一个相对现代的理想。[32]它在自由民主制国家受到珍视和保护，但也不断受到围攻。人工智能的兴起带来了新的潜在威胁，这些威胁也许与旧的威胁在分类上并无不同，但在范围和规模上却有所差异。同时，人工智能如果运用得当，就可以成为自主性的福音，增强人类理性反思选择的能力。重要的是要保持警惕，也许要引入新的权利和法律保护，防止人工智能滥用，确保未来的自主性。无论如何思考，我们都必须记住，自主性是一个复杂、多维的理想，能以多种方式得到促进和攻击。如果我们想要维护自主性，就必须以多维的方式来思考它。

# 8

# 政府中的算法

本章讲述政府（特别是政府机构）如何使用算法决策工具。当然，到目前为止，本书的*每*一章都（在某种程度上）涉及政府如何使用人工智能和算法决策工具。因此，你可能想知道，本章专门谈论政府机构如何使用这类工具，与其他章节相比，是否会谈及新内容？确有新内容增添进来。前几章提出的问题涉及如何评估政府机构使用算法决策工具，但这种使用也会产生一些特殊问题，值得认真探讨。如果一开始就能清晰描述这些问题，将会对后续研究有所帮助。

在《国富论》中，亚当·斯密认为，专业化（或他所说的"劳动分工"）是推动经济增长的一个关键引擎。他以扣针工厂为例说明了这一点，该工厂生产的扣针由尖头金属轴和扁平金属帽组成。他观察到，"一个劳动者，如果对于这职业（分工的结果，使扣针的制造成为一种专门职业）没有受到相当训练"将很难每天制作一个以上这样的扣针，"要做二十枚，当然是绝不可能了"。但是，如果把制造扣针的过程分解成若干不同的工序，每个工人都经过培训，并专门从事这些不同的工序，那么一个由 10 名扣针制造者组成的团队就"一日可成针四万八千多枚"。因此，专业化可以显著提高劳动生产率，进而增加"国家财富"。[1]这种斯密式的专业化长期以来一直为私营部门所接受。它是当今大多数企业和公司的核心。私营部门在利用技术时也用到了专业化。过去是由工人组成的团队受训完成专门任务，而现在是由工人、机器和算法组成的团队执行专门任务。

（我们已经在第 4 章和第 5 章中听到了这种转变的风声。）

但是，专业化的价值并不仅仅限于提高私营部门生产力。它是社会组织的普遍原则。正如托马斯·马龙（Thomas Malone）在其引人入胜的著作《超级大脑》（*Superminds*）中所指出的，人类文明的成功在很大程度上归功于人类的"集体智慧"，即如何通过团队合作解决问题。[2]随着当前面临的问题越来越复杂，一个好的经验法则是尝试将它们分解成更易处理的子问题，并让特定的个人或组织机构参与其中，利用其专业知识来解决这些子问题。

这一经验法则被有力地应用于现代国家治理中。尽管政府业务从来都不简单，但如今尤其复杂。政府设立专门机构来解决各种社会问题。这些机构致力于管理和规范医疗保健、福利支付、金融、公共和私人交通、通信技术、数据收集技术、能源使用、环境保护、食品和药品安全等。其数量和规模都在膨胀，成为"行政国家"的标志之一。自 20 世纪中叶以来，这已成为自由民主制度的常态。这些机构通常是在应对特定危机和获取政治便利时应运而生的。然而，专业化的优势往往非常真实、具体。如果没有这些机构的协助，任何一个政治家或民选官员都不可能治理好一个文化多元的发达工业国家。

但从民主角度来看，这种专业化造成了一个问题。设立专门机构改变了公民和权力机构之间的关系，有可能*削弱*二者之间的*合法性关系*。这是什么意思？概括来说，问题是这样的：政府的专门机构通常有权力通过某些重要途径来影响公民个人。他们可以剥夺公民的权利和特权，实施惩罚和罚款，并以其他方式影响公民过上幸福生活的能力。举个明显的例子，政府机构如果拒绝向一个没有其他收入来源的人支付福利金，它就在做一件可能深刻影响该人过上美好生活的事。在自由民主制国家，基本的道德假设是，除非*合法*，否则无法行使这种权力。[3]对这一假设的阐释在某种程度上取决于对话者的身份。哲学家和政治理论家已经确定了许多不同的"合法性条件"，可能只有满足这些条件，才能合法地行使权力。确保合法性的最明显的途径是征得可能受到权力行使影响的人的同意，这是私营企业在让客户签署合同时所青睐的途径（尽管在上一章已谈及是否能达到理想状态）。然而，政府机构很少能依靠这种同意来使其权力合法化。政府的行为不像商人向路人出售商品，他们无法与每个公民进行单独交易（通常不会如此）。相反，政府是为其人民整体开展"业务"，这显然有可能违背这些人中*至少一部分*成员的愿望。因此，政府另辟蹊径，赋予公民在设立权力机构方面有意义的发言权。

要确保公民在权力机构设立方面获得有意义的发言权，最有效的方法是直接与公民就机构建设进行协商（如通过宪法批准和修正），或者让公民选举*代表*，代表他们制定法律和建设权力机构。这种合法化方法最明显的例证就是简化的议会民主制。公民通过个人投票选出一名代表，然后该代表对议会中的具体立法提案进行投票。如果公民不喜欢该代表的观点立场，可以在公开会议上要求他们负责，或者利用投票箱的力量，在下一次选举中把他们淘汰。

然而，在实践中，设立专业化的政府机构往往会损害这些崇高的理想。由于这些机构通常是由议会设立，而不是由公民通过公民投票直接设立的，因此其存在与最强大的合法性来源，即公民的直接意愿，并不一致。如果假设（a）立法议会中直接选举产生的代表合法地行使权力来设立这些机构，并且（b）他们保留对这些行政机构运作方式的控制权，这也许可以接受。但情况可能并非总是如此。通常，专门机构的设立方式使其不受一时兴起、变幻莫测的选举政治的影响。这往往是有意为之。这种设计使其在一定程度上独立于政府，因此不会为民选官员背后的短期利益集团所引导的关切左右。

典型的中央银行的设立便是这方面的经典例子。尽管形式各不相同，但中央银行通常对一国的金融体系拥有最终控制权，既充当私人银行的最后贷款人，又充当控制货币供应的"印刷厂"。从长期而不幸的经验中，我们了解到，如果由民选政府行使这些权力，这些权力可能会被滥用，因此，我们赞成构建一种使中央银行免受政府直接干预的制度设计，而这自然意味着中央银行拥有重大而广泛的"非民选权力"。[4]这导致许多人质疑其合法性，尤其是在金融危机时期，质疑声更大。人们抨击管理这些机构的"技术官僚"以及他们对民众生活的影响。

当然，这个例子只是冰山一角。随着专门机构的激增，非民选权力问题变得更加普遍。当赋予这些机构相当大的自由裁量权来设计和执行政策，并允许将其权力外包或分包给他人时，这种问题可能会更加严重。结果是，最终会形成这样一个治理体系，在该体系中，行使权力的人越来越远离权力的合法来源：受其影响的公民。提高解决问题的效率（假设真能提高效率）是以牺牲合法性为代价的。这就是我们之前提到的"削弱合法性关系"的含义。

当然，这并非新问题。自从行政国家诞生以来，政府就一直在应对这一问题。他们试图通过各种政策和法律原则来防范这一问题。这些政策和理论的名称因国家而异，但从广义上讲，如果设立专门机构和行使权力要在法律和政治上合理，需要满足以下三个条件。

（1）合理的政策理由。该机构及行使权力必须维护某些令人信服的公共利益，其政策和实践必须服务于该公共利益。

（2）适当的权力下放。该机构的权力必须由一些合法权威机构以合法方式授予。通常情况下，将通过立法来规定该机构应该做什么以及如何做。法律可以赋予该机构自由裁量权，包括将权力委托给第三方（包括私营公司），但通常只有在对自由裁量权有明确限制的情况下才可以委托。

（3）遵守自然正义或程序公平原则。该机构在对公民行使权力时，必须遵守公认的自然正义、正当程序或程序公平原则（不同司法管辖区使用的术语不同）。这通常意味着，该机构应该有一些合理的理由或解释，说明为什么以特定方式行使其权力，没有以歧视性和不公平的方式行使其权力，此外受影响的人有权发表意见，并有权向公正的法庭上诉（或审查）决定，见方框2.1。

在特定的法律传统中，每个条件的实际含义都可能很复杂，具有技术性。下文将具体阐释其复杂含义，但现在重要的一点是，我们要能大致理解这些条件。

借助以上条件，我们可以理解政府机构在使用算法决策工具时可能引发的问题。人们*普遍*担心，专门机构激增会削弱权力合法性；*特别*令人担忧的是，这些机构使用算法工具可能会进一步削弱这种合法性。虽然在一般层面上有应对合法性衰减的保障措施，但我们可能会想，当涉及那些传统保障措施在应对合法性衰减束手无策时，算法工具是否会带来新的或意想不到的问题。换句话说，呼应前几章的主题，我们可能会问：在使用这项技术时是否有什么不同？

## 研究案例 1：Go Safe 自动测速摄像机

在陷入法律和哲学的争论之前，让我们来看一个研究案例。该研究案例说明了专门机构行使权力时可能出错的一些方式，特别是在使用技术援助来协助行使权力时会犯的一些错误。该研究案例来自爱尔兰，涉及使用自动测速摄像机起诉超速违法行为。[5]

像许多国家一样，爱尔兰将超速视为情节轻微的违法行为。如果在爱尔兰公路上被抓到超速行驶，很可能会在邮件中收到定额罚款（或收费）通知。处罚会包括罚款、对驾驶执照扣分，或两者一起。如果扣分达到一定上限，可能会被禁止驾驶一段时间。在大多数情况下，当人们收到这些定额罚款通知时，会立即支付罚款，并抛掷脑后。如果未能在规定日期内支付罚款，人们可能会接到法庭传唤并面临更严重的刑事起诉。根据爱尔兰的相关立法（经修订的 2010 年《道路交通法》），爱尔兰警察部队有权侦查和起诉超速违法行为。然而，该法案的第 81（7）条规定，只要爱尔兰司法部部长与第三方（如私人公司）签署书面协议，则允许将该权力委托给第三方。

2009 年，经爱尔兰政府批准，爱尔兰警察部队决定将侦查和起诉超速违法行为工作外包给一家名为 Go Safe 的私营公司。司法部部长与 Go Safe 公司签订合同，允许该公司在 2015 年之前行使此权力，并可选择续约。该公司经营着一支配备有自动测速摄像机的货车车队，会在一些特定的战略地点停留数小时。这些地点必须经爱尔兰警察部队的高级成员批准。*在这些地点*，货车上的摄像机将自动检测违反当地限速规定的行为，并对违规车辆进行拍照。随后，公司将向这些车辆的登记车主发出定额罚款通知。这个过程大部分都是自动进行的，人类操作员会进行一些最低限度的监督。如果登记车主拒绝支付定额罚款，他们会被传唤到法庭，Go Safe 的工作人员会在法庭上提供证据来支持公诉。

从表面上看，这似乎是一个标杆，向人们展示如何有效利用技术来管理国家事务。这涉及一个清晰而明显的公共利益——超速是导致道路死亡的因素之一，减少超速行为可以保护公共安全。[6]自动测速摄像机可以准确检测出超速违法行为，而无须持续的人工监督和投入。仅仅是这些摄像机的存在，或者让人怀疑它们存在，都会产生威慑作用并促使司机改变其行为。使用这些摄像机可以节省宝贵的警务资源，并能提高司法行政效率。此外，在削弱合法性关系方面，Go Safe 公司被赋予侦查和起诉权力的方式似乎并未引发任何明显的危险信号。通过立法授权将此权力外包给第三方，第三方可以拥有多少权力有法定的限制；并且必须有一份书面协议，说明他们的服务条款和条件。

然而，在实践中，事情并没有想象中那般一帆风顺。众所周知，道路交通违法行为非常复杂，需要遵循许多技术协议，从而合法证明该行为违法。辩护律师利用这种技术复杂性为他们的客户谋取利益，指出该系统未遵循某些协议，因而起诉无效。这种情况并不少见。一旦辩护律师开始着手找出 Go Safe 系统中的缺陷，事情很快就变糟了。根据一份报告[7]，法庭驳回了超过 1400 起使用 Go Safe 系统试图起诉超速行驶的案件。驳回的理由有很多，其中最大的问题是，Go Safe 公司无法证明潜在的违法者是否收到了定额罚款通知，也无法证明登记车主在相关时间内确实在驾驶其车辆。该公司的一名举报人抱怨说，该公司要求其员工即便无法正确设置摄像设备，也要记录潜在的超速违法行为。因此，该系统存在误判风险。[8]法官抱怨说，当该公司的员工在法庭上作证时，他们无法解释摄像系统如何工作，驾驶员在超速多少的情况下才会收到定额罚款通知，或定额罚款通知是如何生成并发送给潜在违法者的。法官还很遗憾该公司未能提供充分的证据链以及证明该公司员工有权在法庭上作证。简言之，Go Safe 系统的实际执行情况一塌糊涂。鉴于此，一位爱尔兰法官称其为"彻底的失败"。[9]

后来，Go Safe 系统的一些问题得到了解决[10]，并且该公司于 2015 年续签了合同。[11]然而，爱尔兰在 Go Safe 系统方面的经验为我们敲响警钟。自动测速摄像机并不是一项先进技术，只是使用简单的雷达反射来计算来往车辆的速度，确定其是否超过了当地的限速，然后拍照。它们远没有本书中讨论的一些算法工具那样复杂，不做复杂的预测或判断，不依赖于深奥的编程技术或先进的人工智能。尽管如此，它们在司法行政中的应用还是引发了难以言喻的实际问题。新技术系统必须整合到旧法治系统中，就像在一台旧电脑上进行软件升级一样，升级的过程并不顺利。因涉及政府机构和私营公司之间的合同关系，这一问题变得更加复杂。系统运行时出现简单的错误和遗漏，该公司代表无法充分解释系统工作机制，激励措施有时错位和偷工减料。其后果不仅未能实现关键的公共政策目标，也未能合法下放权力。

如果相对简单的技术都能引发这些问题，那么对于更加复杂的技术，我们更要保持警惕。

## 使用算法决策工具是否会威胁合法性？

尽管我们需要谨慎考虑算法决策工具在政府机构中的应用，但有必要如此小心谨慎吗？或者，更进一步说，使用算法决策工具是否会对合法使用权力造成严重风险，以至于应该普遍推定不应该使用这些工具？

一些评论家对此表示怀疑。[12]他们指出，行政国家长期以来一直在与有关合法行使权力的批评作斗争。尽管政府专业化程度不断提高，在履行关键职能时越来越多地引入公私合作，但它还是经受住了这些批评。即使是爱尔兰 Go Safe 系统的惨败，也没有使人们质疑政府机构引入技术或公私合作的合法性。它只是引发了政策和实践的变化。当涉及政府机构使用算法工具时，似乎可能会遵循类似的模式。尽管如此，保持高度谨慎是可取的，哪怕只是为了看看可能会出现什么问题。

如果能明确说明政府机构可以和可能如何使用算法工具，将有助于实现这一点。政府机构履行两项主要职能：①制定政策和规则（前提是政府机构有这样做的自由裁量权）；②实施执行政策和规则（无论是政府自己制定的，还是那些由其他民选机构规定的）。算法工具可以帮助完成这两项任务。前几章已举了一些例子。政府机构已经在使用算法工具来有效管理规则的实施和执行，例如使用预测性警务软件指导部署警务资源；识别和修复现有政策或规则制定框架中的缺陷，例如使用智能能源网系统或交通信号系统。有时，算法工具只是用来辅助或补充相关政府机构内的人类决策。在其他时候，算法工具将在最少的人类监督和干扰下自主运行。在讨论该问题时，卡里·科利亚尼斯（Cary Coglianese）和大卫·莱尔（David Lehr）将算法决策工具的可能自主应用分别称为"算法裁决"和"机器人监管"。之所以这样称呼，是因为它们的韵味，而不是因为其描述的准确性。[13]例如，正如笔者所指出的，所谓的"机器人监管"可能不涉及机器人，可能只是涉及一个算法系统，在没有人类控制直接输入的情况下制定规则。

当涉及合法行使权力时，仅仅扮演辅助和补充角色的算法决策工具，其应用似乎没有引发什么危险信号。如果算法工具只充当工具角色，那么人类决策者就保留了实际权力，此时可能遇到的任何关于人类决策者如何行使这种权力的问题，都是比较熟悉的。现有的法律和监管框架适用于人类决策者。相比之下，真正"自主"使用算法决策工具可能引发更多警告。*根据工具的自主程度，可能会出现人类不再是负责人的风险（即处于有意义/有效的控制中）。然后，可能会产生现有法律和监管框架是否符

---

\*　就第5章而言，辅助和补充工具不构成控制问题。另外，完全自动化的决策（和子决策）确实会带来这个问题。

合目的的问题。政府应该由人来管理，为人民服务，而不是由*机器*来管理，让机器服务人民。

然而，在评估自主算法对政府合法性构成的潜在威胁时，人类很可能被冲昏头脑。我们很容易受到机器接管权力这样的虚构主题的诱惑。就目前技术而言，想要实现这一点还有很长的路要走。我们需要更冷静地分析，考量上文概述的政府机构合法行使权力的三个条件。当参照这三个条件进行评估时，我们就会不禁产生疑问：使用自主算法决策工具是否真的会构成重大威胁？

我们可以很快抛开第一个条件。使用决策工具是否有合理的公共政策理由将因情况而异，但很容易想象的是，理由总是存在的。例如，我们可以创造算法裁决工具，通过抓取金融交易数据，自动制裁违反金融规则的实体。相信这些算法裁决工具会比人类裁决者做得更好。金融市场早已充斥着交易机器人和算法，这些机器人和算法眨眼间就能执行成千上万笔交易。人类裁决者无法与之争锋。确保监管系统顺利运作可能就需要这样的算法裁决工具。[14]

还有另外两个条件：①是否已将权力合法地委托给算法工具；②使用算法工具时是否遵守自然正义或程序公平原则。合法授权的问题很棘手。正如科利亚尼斯和莱尔指出，将权力委托给自主算法的方式有很多。[15]第一种也是最直接的方式是，通过一项立法明确规定可以使用该工具。例如，想象一下，一项道路交通法明确规定，警察部队有权使用"算法裁决工具"来确定某人是否违反了限速规定，并可以随后自动实施处罚。只要法律条文对此有明确规定，并且得到一些可理解的公共政策理由的支持，将权力授予给算法在法律上就不存在争议。这并不是说，从政治或公共政策的角度来看很明智（这一点我们还会谈到）；只是说，从法律角度来看，不会产生特殊的问题。这很正常，也是最合法的权力下放方式。在澳大利亚，《移民法》第495A条授权移民部长在做出某些决策时使用计算机程序，而计算机程序做出的决策则被认为是部长的决策。

权力下放给算法工具的第二种方式是由政府机构内部人员自行决定转

授权。这种做法并不少见。民选政府意识到缺乏必要的专业知识，因而设立专门机构来管理和规范社会的关键行业。因此，他们不得不给这些机构的工作人员一些自由裁量权，决定如何最好地制定和实施规则和政策。举例来说，可能会有一部《道路交通法》，赋予警察使用"他们认为合适的任何手段"来执行超速法的权力。一个在警察部门工作的官员可能会发现一种新的"算法裁决"系统，这将使其更有效地执行超速法。经过适当协商和采购，他们可能决定使用这一工具来行使《道路交通法》授予的自由裁量权。

但在法律上，这种自行将权力转授给算法的方式可能存在问题。必然会有人质疑，该如何阐明转授的自由裁量权的确切范围。允许机构使用"他们认为合适的任何手段"的规定可能被认为过于模糊和无限制，无法使这种授权形式合法化。警察确实不能使用"任何手段"吗？想象一下，如果他们开始使用基于人工智能的智能地雷，在超速 0.1 公里/小时的汽车下面引爆，会怎么样？这肯定会被叫停，主要因为它不符合合法使用权力的其他基本原则（如公平和相称的惩罚原则）。虽然这个例子听起来十分愚蠢，但它说明了一个重要的问题：即使根据法规赋予机构的自由裁量权相当宽泛，也必须有所限制。使用"适当手段"或"相称手段"等措辞来规范自由裁量权，也会引发类似的范围不确定性问题。

科利亚尼斯和莱尔从美国的角度提出，尽管将权力转授给算法工具会引发如何在相关法令框架下充分解释权力转授的问题，但"原则上"没有理由不能将权力转授给算法。[16]他们提出两点来支持这一论点。首先，他们认为政府机构已经毫无疑问地使用了测量设备，而这些设备执行的功能是可以转授给算法的。没有人以非法转授权为由质疑这些测量设备是否具备如此做的权利。其次，他们认为，鉴于目前算法工具的运作方式（他们特别关注机器学习算法），人类将始终保留对其一定程度的控制，要么确定它们应该满足的目标或目的，要么确定如何以及何时使用它们。权力永远不会完全转授给算法。

但我们可能会质疑科利亚尼斯和莱尔的乐观前景。第 5 章探讨了与使用算法决策工具有关的控制问题，并谈到了"自动化偏差"风险。正如我们所论证的，当人们依赖算法系统时，会产生非常现实的风险：人类可能会过度依赖算法系统，并对其输出的结果失去有意义的控制。这种情况也可能发生在政府机构。依赖自主算法工具的政府机构可能会对它们采取不加批判的听从态度。原则上，他们可能保留一些最终控制权，但实际上，是由算法来行使权力的。英国喜剧节目《小不列颠》在其中一个反复出现的小品中讽刺了该问题。该小品中描述了一名接待员，他永远无法回答客户的询问，因为"电脑说'不'"。类似的态度可能会悄然蔓延至政府机构。人类官员可能不愿意从算法工具中夺回控制权，不是因为这些工具比他们更聪明或更强大，而是因为习惯和便利使他们不愿意这样做。从英国行政法的角度看这个问题，马里恩·奥斯瓦尔德（Marion Oswald）认为，无论是机构自己开发的算法还是第三方开发的算法，这种对机器的遵从都会产生法律问题。

> 如果一个公共机构的工作人员在行使自由裁量权时不假思索地依赖算法结果，这可能会非法地"将其自由裁量权束缚"于内部的"自创"算法上，或者被视为非法地将决策权委托给一个外部开发或外部运行的算法，或者导致工作人员预先决定放弃个人判断。[17]

在这种情况发生前，我们可能要采取一些纠正措施，确保政府机构不会将其自由裁量权束缚到这种程度。我们可能希望建立一个新规范，根据该规范，对自主算法的任何授权都必须基于明确的法律规定，而不是通过自由裁量的转授权。

最后，对于第三个条件，自然正义和程序公平如何？在这方面，使用算法工具是否会引发特殊问题？自然正义或程序公平的概念与前几章讨论的主题有很大重叠。广义上的程序公平是指相对公正的程序。*它会考虑到受影响的当事人的利益，给予他们听证权或被咨询权，提供决策原因；

---

\* 我们说"相对"（relatively）是因为绝对的公正是不可能的。

若受影响的当事人仍感到不满，给予他们上诉权。使用算法工具很可能会违反这些要求，这与前面几章讨论的偏差和透明性问题相关。如果算法裁决工具以系统性偏差和不透明方式做出决定，那么很可能违反程序公平原则。但是，正如前面几章所指出的，在消除偏差方面，需要进行艰难的权衡，而且有一些方法可以确保算法决策是可解释的。因此，即使算法裁决工具可能会违反程序公平的要求，但它也不必这样做。基于这些理由，没有明确的理由反对政府机构使用算法工具。

此处还有一点值得说明。虽然对程序公平有一个理想化的概念，但许多法律制度并不坚持要求政府机构做出的每项决定都符合这一理想。为了提高效率和成本效益，可以走一些捷径。这是有意义的。如果一个机构必须开设公正法庭，并为他们做出的每一个决定提供详细解释，那么该机构的实际日常业务就会陷入停滞。法院通常接受这一点，并在确定任何特定决策过程必须达到的程序公平理想程度时采用"平衡测试"。例如，美国法院关注三个因素：该决定如何影响受影响的一方？如果做出错误决定，受影响者的潜在代价是什么？引入额外的程序保障措施来防止潜在成本的净收益（如果有的话）会有多少？然后，他们会权衡这三个因素，并决定某一特定的决策程序是否可接受，或者是否需要进行改进以符合要求。[18]考虑到对费效比的敏感性，很多算法工具的应用尽管阻碍了决策程序实现自然正义理想，但依然很可能会被视作合法。毕竟，政府机构之所以可能倾向使用这种技术，原因就在于，这些工具帮助他们以经济有效的方式管理复杂的系统。回想一下早先的算法裁决工具对算法交易机器人实施金融监管的例子。

这并不是说政府机构使用算法决策工具没有缺点。技术援助在原则上可能是一个好主意，但在实践中可能是一个坏主意。此外，即使一个工具确实能更有效地管理社会系统并且在技术上合法，也可能不会*被认为*合法。公共管理既关乎良好的公共关系，也涉及法律技术和经济效率。建议任何考虑使用此类系统的政府在其引入时进行广泛咨询，听取关键利益相关者的担忧，并在系统建立和运行后不断审查其实际运作情况。这些都是世界各地政府机构的标准做法，不过继续保持和强调这些做法十分重要。

这也不是说使用算法决策工具不会对公共管理合法性提出新挑战。它们确实提出了。算法工具的运行基于精确量化的逻辑，人类决策者往往更多地通过定性推理和直觉来工作。这意味着，如果将某些权力授予此类工具，则需要将曾经的定性决策过程转化为明确的定量决策过程。这个转化过程可能会引发一些新问题。不可能创造出一个完美的决策过程，总是会存在一些错误风险。例如，自动测速摄像系统，有时（即使很少）可能无法记录一辆正在超速行驶的汽车，或者错误地记录一辆未超速的汽车。前者是假阴性错误，后者是假阳性错误。我们一直生活在这两种错误的风险中，但通常不会以明确量化的术语来考量它们。换句话说，我们无法明确地决定是否可以接受一个假阳性（或假阴性）错误率在 5% 或 10% 的系统。我们经常生活在一种错觉中，认为自己在追求完美。使用算法决策工具将迫使我们摒弃这种错觉。尽管一些政府机构已经愿意对错误率做出明确的选择，但其他机构可能不愿意。政府机构可能*不得不*这样做的事实也可能会造成感知到的合法性危机，因为公众不得不面对风险的量化现实。如果政府部门要使用自主决策工具，应该可以通过公开评估来支持这一选择，这些评估表明该工具的决策等同于或优于相关人员的决策。*但这需要精细处理。

算法决策工具的量化逻辑还有一个更具思辨性的问题。它与这些工具如何对待人类个体有关（见上一章）。如前所述，在自由民主制国家，公共权力的合法性建立在对公民个人的尊重之上。公民是自主、有尊严的人，其生活必须被考虑在内。用哲学家伊曼纽尔·康德（Immanuel Kant）的话说，公民必须被视为完整、综合的人，作为目的本身，而不是作为手段。随着公共管理专业化和官僚化，人们一直担忧无法实现康德的理想。复杂、机械化的管理损害了个人的尊严。个人是国家机器上的齿轮。他们面对的是迷宫般的程序和无名的官员。他们变成了统计数据，而

---

\* 我们在第 1 章讨论了评估算法。

不是完整的人。他们是需要被管理的"案例",而不是需要尊重的人。虽然这种非人性化的担忧由来已久,但它可能会因为算法决策工具的使用而加剧。这些工具必然会把人简化成数据包。它们必须将人们的生活量化并分解为可进行数学分析的数据集。他们不"看"人,他们看的是数字。鉴于这种必要性,可能需要采取特殊的保障措施来保持人情味,并确保公民的尊严得到尊重。

## 研究案例 2:阿勒格尼县家庭筛查工具

现在让我们来考虑政府机构使用技术的另一个研究案例。与爱尔兰的研究案例不同,这个案例涉及一个更复杂的算法决策工具。该研究案例涉及阿勒格尼县家庭筛查工具(Allegheny Country Family Screening Tool,AFST)。[19]第 5 章中已经简要提及过这一工具,之所以本章再次提及,是想看看它是否对政府机构合法使用权力具有借鉴意义。

顾名思义,AFST 是一种筛查工具,用于识别可能面临虐待和忽视风险的儿童。它是由雷玛·薇蒂安纳森(Rhema Vaithianathan)和艾米莉·普特南·霍恩斯坦(Emily Putnam Hornstein)领导的学者团队创建的。[20]该团队最初受新西兰社会发展部的委托而成立,旨在创建一个预测性风险模型工具,该工具可以对家庭与公共服务和刑事司法系统的互动信息进行分类,来预测哪些儿童最有可能受到虐待或忽视。该工具利用这些信息为每个儿童生成风险评分,然后儿童保护工作者根据这些风险评分来调查和预防虐待和忽视案件。在这方面,该工具与预测性警务工具并无不同,后者生成热点图来协助警察部门有效分配警务资源。事实上,家庭筛查工具所使用的视觉显示与预测性警务热点图中所使用的非常相似。它采用了红绿灯警告系统,红灯表示高风险案件,绿灯代表低风险案件。

由薇蒂安纳森和普特南·霍恩斯坦领导的团队最终创造出了一个预测模型,该模型依靠 132 个不同的变量,包括母亲的年龄、孩子是否出生在单亲家庭、心理健康史、犯罪记录等信息,来生成风险评分。他们声称,该系统在预测虐待和忽视方面相当准确。但是，当他们试图在新西兰实施该系统时却遇到了问题。

政府在儿童保护中的角色一直存在政治争议。在极端情况下，儿童保护法授权政府机构将儿童从其法定父母身边带走。这对父母和孩子来说，往往是一次悲伤的经历，通常在万不得已的情况下才会实施。在大多数国家，只有在其他干预措施失败后，儿童保护工作者才会使用这一手段。但鉴于历史经验，一些人对这一过程非常怀疑。人们通常认为，政府人员不公平地针对来自少数族裔背景或非传统生活方式的贫困父母，并且历史上，曾出现被带走的孩子中，来自土著少数族裔家庭（如新西兰、澳大利亚和北美）的孩子占比过高的肮脏问题。[21]因此，不出所料，新西兰政府在 2015 年停止了对该工具的测试应用。[22]（严格地说，实验失败是因为部长不想用儿童做实验品，而不是因为她承认这个工具有歧视性，但这些问题往往很难厘清。[23]）

然而，总部位于宾夕法尼亚州的阿勒格尼县公共服务部（DHS）与该小组签订了设置 AFST 的合同。他们从 2016 年 8 月开始使用该系统。[24]显然，在设计和实施 AFST 时，学术团队和阿勒格尼县公共服务部都对当地公民可能对该工具产生的担忧非常敏感。他们与该县的关键利益相关者举行多次会议，确定如何最好地设置和实施该系统。他们还聘请了一个外部独立团队对 AFST 进行伦理分析。该团队得出的结论是，使用该工具合乎道德，因为它比现有的案例筛查系统更准确。[25]此外，AFST 背后的专家团队试图确保该系统以高度透明的方式运作，发布所用变量的有关信息，并向公众提供有关其工作方式的详细和最新的常见问题解答。[26]这赢得了一些公众的赞誉。例如，记者丹·赫尔利（Dan Hurley）在《纽约时报》上撰文，对 AFST 的影响持积极态度，并认为这是打击虐待和忽视儿童现象的重要进展。

但也有人提出了严厉批评。政治学家弗吉尼亚·尤班克斯在其《自动不平等》一书中认为，AFST 仍然不公平地针对贫困和少数族裔家庭的儿童，并且不公平地将贫困和使用公共服务与虐待风险的增加联系起来。[27]

她还认为，该系统的研发者在发布有关 AFST 如何运作的信息方面依然不够透明。他们公布了使用的变量的细节，但没有公布这些变量的权重。此外她称，该系统的高错误率可能令人无法接受，并指出，阿勒格尼县公共服务部的官员表示，AFST 标记的案件中有 30% 最终因毫无根据而被驳回。[28]她进一步论述道，在公布错误率之前，无法对其进行准确评估。

关于 AFST 的辩论完美地阐明了本章主题。AFST 的建立初衷是使政府机构能够更准确、更有效地开展工作。但是，它的运作方式引起了人们对合法行使权力的担忧。即使遵循了许多确保合法性的步骤，情况也是如此。批评者仍然担心系统的不透明性和复杂性：他们担心系统可能不公平或带有偏差；希望更多地参与其实施过程；并且要求更大的透明性和开放性。这是一个永远不会真正结束的循环。权力的合法性总是会受到质疑。公民和在政府机构工作的人都有义务不断审查权力的行使方式，以确保其合法性。算法决策工具的应用为这种永恒的动态增加了新的技术因素。

从 AFST 研究案例中，我们还可以学到另一个教训。弗吉尼亚·尤班克斯主要批评 AFST 和其他类似系统：它们是技术解决主义的实践例子。[29]我们现在拥有复杂的算法风险预测工具，知道在某些情况下它们比人类决策者更准确，因此四处寻找可以用算法来解决的问题。但我们并没有思虑周全。我们太渴望找到某种应用，因而没有考虑到这种应用的副作用或间接后果。我们也不认为可能有*其他*更值得关注的，也许不那么容易为风险预测软件所解决的问题。例如，尤班克斯担心 AFST 干预得太晚，也就是说，当一个孩子打电话寻求帮助的时候再进行干预，就太迟了。在这个阶段，社会中的系统性偏差和结构性不平等已经对受影响的家庭造成了伤害，这也是 AFST 的独立伦理审查员自己注意到的一点。他们发现预测性风险模型可以建立在现有的种族偏差之上，从而加深现有的种族偏差。[30]这是我们在第 3 章中提出的观点。

鉴于 AFST 的预期用途，期望它能完全纠正这种结构性不平等不现实。它必须解决一个社会现实：较贫穷的群体和少数种族的成员确实遭受着不利因素的影响，这些不利因素很可能使他们面临更高的负面结果风险。但在这种情况下，该工具的使用可能会扩大感知到的合法性差距，至少在涉及这些群体时是这样的。也许我们应该利用这一认识，借此反思希望政府机构如何使用算法决策工具。也许他们可以帮助我们解决其他问题，从而减少这些群体的合法性差距。这显然需要更多创造性的发散性思考，思考如何更好地使用算法决策工具。

## 算法决策工具的必要性？

在本章开头，我们注意到，当涉及管理社会问题时，政府专业化机构的激增具有优势，但这种优势也伴随着合法性减弱的风险。这些机构在使用算法决策工具时，必须根据这一长期存在的动态来解释和理解。幸运的是，我们已经制定了政治和法律保障措施，防止合法性减弱，这些保障措施可以用来评估和约束算法决策工具的公共使用。这意味着，尽管在使用算法决策工具方面没有不可逾越的法律或政治障碍，但应该经过深思熟虑后谨慎部署，其使用应该接受公众的审查和监督。

在提出这一论点时，我们从不同角度指出，使用算法决策工具可能是政府机构的福音。随着世界变得越来越复杂，越来越多的个人和公司使用算法工具，政府机构使用类似工具可能会从实践需要发展为实践必需，这可能是跟上时代的唯一途径。不过，从表面上看，这似乎只能在个案基础上进行论证。有什么更普遍的说法来支持使用算法决策工具吗？

也许有。考虑一下从社会崩溃的历史中吸取的教训。考古学家约瑟夫·泰恩特（Joseph Tainter）在其颇具影响力的著作《复杂社会的崩溃》中，试图概括性地解释复杂社会的崩溃。[31]他考察了所有著名的例子：古埃及王朝、赫梯帝国、西罗马帝国、低地古典玛雅等等。尽管一些考古学家和历史学家对这些社会是否真的崩溃存在争议，有些人认为他们只是进行了调整和改变[32]，但说其社会复杂性经历了一些衰退（即它们的行政中心被解散；它们放弃了定居点并丢弃了文化和制度）似乎相对没有争议。泰恩特想知道这些衰退是否有一些共同的原因。

在审视并反驳了几个最流行的解释后，泰恩特提出了自己对社会崩溃的解释。他的解释由四个关键主张组成。第一个主张：复杂社会是解决问题的机器。换句话说，它们通过满足成员的生理和心理需求来维持自身运转。如果不这样做，就会失去合法性并最终崩溃（或经历重大衰退）。第二个主张：为了解决问题，社会必须获取和消耗能源。传统社会通过觅食和耕作来实现这一点；如今，社会通过燃烧化石燃料和开发其他能源来做到这一点。一般的经验法则是，为了解决更多的问题和维持更大的复杂性，社会必须增加能源消耗（或至少更有效地利用现有能源）。这就引出了第三个主张：复杂社会的存续取决于一个基本的成本-效益等式。如果解决社会问题的收益大于成本，那么社会将继续存在；否则将会陷入困境。第四个主张：增加对社会复杂性的投资（例如，增加对专门行政机构的投资）会带来更多收益，但只限于一定程度。复杂性的增加伴随着能源成本的增加，因此最终，复杂性增加的边际成本将超过边际收益。如果这种情况发生，并且不平等达到极限，社会就会崩溃。这个边际利润递减的问题是泰恩特解释的核心。他认为，历史上崩溃的复杂社会都面临着边际收益递减和边际成本上升的基本问题。

泰恩特举了几个例子来说明社会如何处理这个问题。一些有据可查的例子与官僚主义的权力和控制有关。泰恩特展示了许多政府机构是如何经历行政膨胀和任务蠕变的。这些机构通常是解决社会问题的核心，为了应对新的挑战，它们的数量激增，规模扩大。这最初是有益的，因为能让社会解决更复杂的问题。但这最终却导致利润下降，因为必须雇用昂贵的行政人员来管理这些组织。与组织中数量较少的解决目标问题的一线工作者相比，组织中管理人员的数量越来越多。

泰恩特的理论促使人们反思技术在防止社会崩溃中的作用。也许有效解决问题而又不大幅增加行政膨胀成本的方法之一是加倍使用算法决策工具和其他形式的人工智能。根据一些倡导者的说法，人工智能的重大突破可能是我们解决日益严重的社会问题所需的*撒手锏*。我们可以依靠更完美的人工智能，而不是依靠不完美、争吵不休的人类智能来管理我们的社会问题。迈尔斯·布伦戴奇（Miles Brundage）在其关于全球治理中对人工智能持"有条件乐观"态度的论文中明确提出了这一论点。[33]加大算法决策工具和人工智能投资可能会牺牲一些感知到的合法性，但也许这就是我们作为公民为维持复杂的社会秩序所必须付出的代价。这是一个具有挑衅性和令人不安的建议，可能意味着我们应该对算法决策工具的广泛使用持更开放的态度。它们的合法性可能比我们想象的要高。

# 结　语

专业机构和专业化工具对现代政府的治理至关重要。如果不依赖具有专门解决问题技能的专家机构，就无法治理一个复杂的工业社会。这些机构做出的判断和制定的政策对公民生活影响重大，因此必须合法行使这一权力。问题在于，这些机构日益增加的多样性和组织深度削弱了其合法性。自主算法决策工具的使用会加剧这一问题。尽管如此，我们不应该过分夸大这个问题。许多国家已经制定了法律并创建了相关政治理论，确定政府机构何时以及是否合法行使权力。没有强有力的理由认为这些学说不再适用。当涉及确保权力被合法地授予算法决策工具，以及它们的使用不会破坏对程序公平的需求时，我们可能只需要修改它们，并谨慎行事。无论如何，若要防止我们日益复杂的社会不堪重负而崩溃，人工智能将越来越不可或缺。

# 9

# 就　业

任何读过本书的人都会看到这样一条新闻：机器人取代了人类劳动力，使数百万人陷入失业和贫困的境地。我们已经习惯了这些警告，因此可能不会停下来充分思考它们的逻辑，并把"失业"当作某种既成事实。的确，在历史上，当先进的机器学习和移动机器人首次出现时，受影响的不仅仅是技术水平低的"蓝领"工作（目前所出现的情况），专业化工作和管理工作也会受到影响。但事实是，没有证据证明人工智能会引发中短期大规模失业。

科幻小说作者威廉·吉布森（William Gibson）喜欢说，"未来已经到来——只是分布不太均匀"。可以肯定的是，在所有大规模工人被取代的可怕情景背后，实则暗含着对人工智能革命带来的利润分配不均的预测。科技作家的这些悲观预测可以从近十年严峻的经济统计数据中找到依据。[1]从 20 世纪 70 年代起，许多国家的普通工人工资一直停滞不前或者下降。在美国，生产和非监督工人的工资在 1973 年到达顶峰。按实值计算，现在的工人赚的只有当时的 87%。[2]同时，生产率持续上升。20 世纪 70 年代中期，包括美国在内的很多国家，生产率提高和工人的收入增长不再成正比，而且没有恢复迹象。随着工薪阶层在国民收入中所占的份额持续减少，不平等日益加剧，不可阻挡。这促使人们呼吁建立新机制，将财富从超级富豪手中重新分配出去。[3]

然而，对自动化的恐惧与自动化相伴而生。纵览当前的经济坏消息，有多少可以归咎于人工智能和机器人，各方意见不一。一方面，自动化常常带来巨大红利，生产力不断提高，以前只有富人才能享受的商品和服务走向普罗大众，省力的家电提升了自主性和社会流动性。[4]有的作者，比如埃里克·布林约尔森（Erik Brynjolfsson）和安德鲁·麦卡菲（Andrew McAfee）认为，人工智能会带来一场新的工业革命，让那些设法利用新技术喷涌的人获得巨大优势。[5]另一方面，值得铭记的是大多数人在第一次工业革命中并没有足够的时间去享受其红利。第一次工业革命横跨18世纪和19世纪大部分时间，然而普通工人在绝大部分时间里能享受到的利益少之又少，他们依旧会因机器而失业，生活环境脏乱不堪。18世纪，英国男人的平均身高每10年下降1.6厘米。[6]尽管科技取得进步，令人振奋，但实际工资完全跟不上食品价格上涨的速度。尽管每个工人的产出不断增加，但他们工资的购买力却停滞不前。直到19世纪中期，收入终于开始追上了生产力。[7]

## 关于未来的工作我们知道什么？

人们在争论自动化对人类社会的影响时，两极分化严重。乐观主义者认为自动化促进经济增长，有益于整个社会。有些人甚至认为自动化最终会把人类从生产生活必需品的枷锁中解放出来。在乐观主义者中，我们找到了有史以来最著名的经济学家之一——约翰·梅纳德·凯恩斯（John Maynard Keynes），1930年，凯恩斯发表名为《我们孙辈的经济可能性》的文章，指出自动化和工业化会逐渐解决"为生存而斗争"的"经济问题"。[8]作为另一个极端，经济学家杰里米·里夫金（Jeremy Rifkin）则在其书《工作的终结》中描绘了一幅完全不同的画面：技术导致大规模失业，百姓生活困苦。[9]这些关于自动化影响的论断并不新颖，反映了18世纪大卫·里卡多（David Ricardo）和威廉·米尔德梅（William Mildmay）等作家关于第一次工业革命影响的争论。那么，我们是否会更准确地预测当前技术革命的影响？

当前大多数关于人工智能和机器人对工作影响的争议，都是由一项研究引发的。2013 年，牛津大学的卡尔·弗雷（Carl Frey）和迈克尔·奥斯本（Michael Osborne）发起一项研究，该研究发现，借助机器学习和移动机器人，美国 47% 的就业岗位很有可能电子化。[10]这一结果一直存在争议，尤其是随后的研究结果与之相反。我们首先要明白，作者选择何种研究方法很大程度上决定着对未来工作的预期影响。弗雷和奥斯本对各类工作进行建模。准确来讲，他们发现，在 702 个精确定义的工作类别中，47% 的工作短期内实现自动化的时机已经成熟。但请注意其研究方法：如果认定一份工作的某些部分具有自动化风险，就认定整份工作有自动化风险。这似乎有悖常理。事实上，如今银行普通职员的工作内容可能只与 1980 年有少许相似，但这并不意味着这一职业消失了。更普遍地说，自动化可以重新划定传统工作类别的界限。也许普通秘书或私人助理不再需要皮特曼速记法，但他们现在可能期望做不同于以往的工作，例如监视公司的社交媒体活动或参加比以往更多的高层会议。可以理解的是，在弗雷和奥斯本之后进行的许多研究都较少关注工作，而更多地关注任务。2016 年经济合作与发展组织一项基于任务的研究发现，英国只有 10% 的工作完全自动化，而美国只有 9%。[11]影响这类研究结果的其他方法论因素包括他们如何解释自动化和电子化，时间尺度，对未来的科学进步的判断，以及各种社会、经济和人口假设（如关于移民水平、全球经济等）。[12]

最后一组假设也不能忽视。事实上，现有工作（或任务）是否会迫使人们重新评估以前受低估的技能，将在很大程度上决定未来劳动力的形态，而这又是所有假设未能考虑到的。例如，我们知道女性在护理、教学和咨询等照顾他人的行业里占比过高。[13]这些工作需要同理心和交际能力，也就是人们常说的"情商"。但与金融、银行、计算机科学和工程等行业的工作相比，这些工作的薪水总体上也更低。事实上，很多照顾人的工作不仅报酬低，而且往往无偿、不可见。[14]女性为何倾向于从事此类职业，有很多社会、文化和历史方面的原因，加之女性往往承担抚育子女的责任，因而往往晋升不到比男性更高的职位，因而最终结果往往是男女薪酬差距大，而这早就是众所周知的事了。[15]

    但是，女性的命运是否会发生逆转？有研究表明，实际上，女性受自动化的影响要比男性小得多。[16]这是因为人们普遍认为，需要读写能力、社交技能和同理心的工作比需要算数能力、计算能力和体力的工作更不容易被自动化。甚至像医疗诊断和起草合同这样的任务——包括检测信息模式，解决机械或过程驱动问题——都比建立关系以及"情感和精神劳动"等任务更容易受到自动化和机器学习的影响。[17]

    当然，有可能出现更多的有偿照顾别人的工作，因而女性比男性获得更多的工作机会，但说这种照顾人的工作的薪水最终会提高则是另一回事。工资高低是由工作的稀缺性决定的，偶尔也视工作的危险性和困难程度而定。同理心在我们人类中并不罕见，也不难做到。诚然，如果一种经济制度在衡量薪酬时把同情、幸福置于和需求、稀缺性一样重要的位置，将截然不同。也许，在一个社会中，更多的关怀工作将成为积极竞争的商业文化与相处更和谐的合作文化之间的区别标志。但是，没有证据表明，*仅仅*在经济中增设照料工作岗位，或者提升人们对此行业的尊重，就会不再根据人们做事的难易程度以及有多少人愿意和能够做这件事来支付报酬。而且，男性最终可能会比以往做更多的照料工作。[18]

## 工作的本质

    尽管事实证明，模拟人工智能对就业和工作的*未来*影响研究，并不能得出明确的结论，但着眼于此类技术*当前*影响的研究正在产出更具体的结论。例如，众所周知，许多国家工作两极分化日益严重。传统的中等收入工作正在让位于高价值的非常规认知工作和低价值的手工工作。[19]令人不安的是，一些证据表明，被自动化取代的中等收入工人不会从事高价值的非常规认知工作。[20]

    另一种实证方法是观察已采用新技术的地区的收入情况。我们还没有证据直接聚焦人工智能和机器学习的影响，但当涉及机器人时，我们有证据。证据表明，随着机器人应用日益广泛，其对就业和工资产生负面影响。[21]该论述很有说服力，因为即便控制了诸如廉价进口商品的冲击、离岸外包和其他影响日常工作减少的因素后，它们似乎仍然成立。

随着人工智能日益普及，它对工作条件也产生影响，而这通常不为人所知。我们所了解的情况并不乐观。想想那些在所谓的零工经济中工作的人。他们通过优步（Uber）、户户送（Deliveroo）、任务兔子（TaskRabbit）和土耳其机器人（Mechanical Turk）等平台，以非常短期的合同（"零工"）严格按需聘用。尽管其中有一些具备高技能，也受益于这种工作安排的灵活性，但他们中大部分人家境贫寒，没有选择工作的能力，也没有能力争取更好的工资和条件。[22]他们中的许多人在科技行业工作（并非以前认为所有的科技工作者都是为苹果、Facebook 和谷歌工作的 20 多岁的年轻人，收入颇丰）。他们在巨大的仓库里完成网上订单，分类照片墙（Instagram）上的状态更新、视频、照片和故事，对图像进行标记，帮助自动驾驶汽车学会识别骑自行车的人和行人。他们拍摄街道，检测谐音，扫描纸质书籍，并对社交媒体上的暴力和淫秽帖子进行分类。这些工作枯燥重复、压抑乏味，给许多人造成假象，未能真正了解那些在数字经济中享有工作"特权"的人的工作条件。

人工智能还支持多类算法管理，比如通过算法对员工和承包商的日常工作进行分配和评估。这是运用新技术来进行纪律监管的，对工人表现的高分辨率监测和校准侵犯了工人本来仅有的一点代理权、自由裁量权和自主权。[23]亚马逊已经成为这一制度的典型代表。它的仓库被描述为"我们这个时代的肉类加工业流水线，技术进步与资本需要相融合，将工人的效率榨得干干净净"[24]。亚马逊员工不仅背负着不切实际的业绩目标，其工作速度还被公司密切监视着。在美国，该公司已经获得了"超声波手环"专利，这种手环对手势和振动很敏感（提供"触觉反馈"），用来监测次优性能。[25]如果该监视不是真实存在的或者即将变为现实，其营造的令人窒息的氛围将会成为反乌托邦式娱乐。并不是说性能监控系统一定可靠——它们也并非一定是用来给员工施加痛苦的。正如亚当·格林菲尔德

（Adam Greenfield）所观察到的那样，"关键并不在于这些工具是否真如广告所宣传的那般发挥作用，而是是否能诱导用户相信它们能做到这一点。即便背后支撑的算法很垃圾，数据比噪音好不了多少，公司也可能采纳这种人力资源分析工具产生的偏见性结果"[26]。

至于零工经济，即使员工从他们的算法老板那里得到了正面评价，这些评价也能有效地将他们锁定在单个零工平台上，因为评级通常不能从一个平台转移到下一个平台。[27]另外，至少在零工经济中，通过应用程序控制员工（因此要保持一定的物理距离）意味着，正在渐渐失去对有组织抵抗的应对能力（Uber 和 Deliveroo 在越来越多的国家失望地意识到这一点）。[28]

## 为什么工作？

假设工作的性质继续演变，临时工作越来越多，"零工化"加剧，监视和控制手段日益高超。这些工作可能代表着一个发展成熟的数字经济中的最后一*种*工作，预示着未来要么工作更少、截然不同，要么根本没有真正的工作可言。对此，我们应该作何感想？在我们急于保住现有工作或创造新工作前，最好停下来思考一下。我们究竟看重工作的哪方面？从以工作为主要生存手段的世界中摆脱出来与我们所有人有什么利害关系？显然，应该欢迎任何把我们从繁重、危险和有辱尊严的工作中解脱出来的技术。但是那些不繁重、不危险、不有损人格的工作呢？我们可以完全不工作吗？工作在其他方面有益吗？工作令人高尚吗？

很早以前便有人指出，工作越少，生活得越好。最有名的莫过于哲学家伯特兰·罗素（Bertrand Russell）在 1932 年写的《闲散颂》。罗素声称，如果绝大部分人每天工作大约 4 小时，生活将更好。这基于三个观点。第一，工作通常很繁重。如果可以选择，大多数人会少做一些。第二，直到当代，大多数欧洲人还是自给自足的农民。有关工作令人高尚、获得个人尊严的论断源自这样一个时代。在那个时代，人类唯一的当务之急就是通过个人劳动，也就是在公共土地上耕作和种植粮食，来维持生存所需。然而，在第一次工业革命之后，这种生存方式不再是人类的普遍特征，通过创新农业方法，产量远超于手工劳动时的水平。正如罗素所言，在工业革命之前，劳动的尊严是一个重要理念，但后来变成了富人鼓吹的"空洞的谎言"，而他们"在这方面时刻注意不要有失尊严"。[29]第三，在第一次世界大战期间，大多数英国人退出生产行业，以各种方式支援前线。他指出，尽管盟军支援前线的这种行动极其浪费、无效，但在盟军这边，没有技术的工薪阶层的总体身体健康水平高于从前和现在。

罗素总结道："这场战争有力地表明，通过科学的生产组织，只需发挥现代工作能力的一小部分，就有可能使现代人口过上相当舒适的生活。如果在战争结束时，工作时间减少到四个小时，一切就都好了。相反，又恢复了从前的混乱情形。"[30]

当然，自 1932 年以来，农业和罗素所说的其他生活必需品的生产已经变得更加工业化，人工智能和机器人有望在不久的将来提高效率。长期以来，人们一直认为，国家的成功必须以生产更多和更高价值的商品和服务为基础，也就是提高国内生产总值。随着全球气候变暖，人们对此提出质疑。[31]现在，经济合作与发展组织国家的财富与其公民的平均工作时长实际上呈*反比例*关系。人均工作时间最多的国家是墨西哥（2250 小时），其次是韩国（2070 小时）、希腊（2035 小时）、印度（1980 小时）和智利（1970 小时），而最少的五个国家依次是法国（1472 小时）、荷兰（1430 小时）、挪威（1424 小时）、丹麦（1410 小时）和德国（1363 小时）。[32]

诚然，由于大多数经济体都是有组织的，罗素的"处方"并不是我们今天大多数人都能遵循的。但从国家层面来看，这确实表明，在相对富裕的国家，通过减少每周的工作时间来分配工作可能有益。但是工作骤减对我们有好处吗？尽管工作令人高尚这一概念起源于中世纪，但工作真的就没有什么令人高尚、有尊严的甚至有启迪意义的因素吗？

也许，有偿工作的部分剩余美德与产生私人收入的许多形式类似，即使这些并不涉及实际的体力或脑力劳动（如被动收入——租金、股息、利息等）。至少在西方文化中，这里所说的美德可能源于这样一种信念：我们往往根据一个人是否成熟、独立来判断其是否已成年，无论是赚钱谋生还是通过工作或收租盈利来实现这一点。如果这是真的，那么所涉及的道德价值显然不需要与挣钱者的任何实际努力相称。

认为工作使人崇高的另一原因可能是工作经常需要一定程度的勤奋、奉献、自律，或者至少生活得有条理。这些品质可能被认为是美德，因为这些品质的对立面表明缺乏毅力、可靠、稳定或成熟。但这些特征并不因雇佣合同而存在。任何专注于个人事业——诗歌、版画、建筑或装修房屋——的人，都需要有一定程度的勤奋和自律。事实上，任何正在找工作的失业人士，可能都更需要比那些从事正规、稳定、长期工作的人提升这些品质。

如果愿意，我们可以编制一份所有工人必须具备的个人素质清单，并将就业的美德或尊严归因于其中的任何一项。但是，我们怀疑这种做法能否成功地将有偿工作的一个特点孤立出来，从而独立解释其尊严或美德。事实是，就业*本身*并不具备尊严、美德或教养。如果这些标签可以贴在任何东西上，那就是我们已经提到的那些品质——勤奋、奉献等等，*无论何时何地*，无论是否存在正式的雇佣合同，它们都能得到体现。

然而，不可否认的是，对于大多数人来说，雇佣合同将提供一个平台，可以让这些特质得到锻炼、发展和培养。正式工作很容易提供的一个宝贵机会是与同事的社会联系。尽管这一点因工作而异，而且这种联系并不总是积极的，但与他人进行有意义合作的机会非常重要，但是对零工经济中的许多人来说，这种合作正受到威胁。当然，人们可以在工作之外找到有意义的人际联系（显然可以！），人们可以加入一个社区组织来体验共同事业和共同身份的喜怒哀乐。就此而言（并重复），一个人不需要正式的工作来追求个人事业，形成五年计划，或建立长期的生活目标。休闲的生活不需要去迎合刻板印象，比如早上打猎，下午钓鱼（正如卡尔·马克思所说）。但是，当已经满足生存必要条件时，如何度过时间，实际上是对生命意义的回答。至少这是一个需要个人反思的问题。就像花钱，也必须慎重度过休闲时光。罗素谴责了许多流行娱乐活动（看电影、观看体育赛事等）的消极特性。[33]他把部分原因归结为疲惫——人们每天的工作太累了，在结束一天的工作后，他们没有精力做任何费力的事情，但也归咎于人们在如何合理利用时间方面缺乏适当训练。[34]例如，"鉴赏文学的乐趣"需要培养、实践和持之以恒。他显然不是在说，无论如何，我们无法合理利用闲暇时间。但仅仅只恰巧闲下来，还不能享受高质量的休闲时光。正如他所说，这需要"针对性努力"。[35]

雇佣契约让许多人可以推迟考虑这些问题，或者至少不必日复一日地重新考虑想要在生活中做什么。从这个意义上说，就业有价值，就像在当地开一家自来水公司，收送邮件或者在火车站工作一样有价值——它减轻了我们选择的焦虑。我们一刻也不想把工资奴隶制的罪恶浪漫化、中和化或正当化。但是一份人性化的雇佣合同（兼容睡眠、娱乐和家庭生活所需的时间，福利优厚，带薪假期，提供心理和精神健康服务）至少为许多人提供了我们必须为自己建立的结构，如在严酷考验中共同努力，形成团结纽带。

# 监督和监管

## 人工智能应遵循哪些规则？

不出所料，这个问题引来了各种各样的答案。然而，近年来，大家似乎逐渐形成了一个大致共识：*应该制定规则*。这种共识也不只针对学者、活动家和政客等通常容易滥用人工智能的人。2014 年，科技企业家、名流埃隆·马斯克（Elon Musk）出人意料地呼吁对人工智能进行"一些监管"，"只是为了确保我们不会做一些非常愚蠢的事情"。[1]Facebook 的首席执行官马克·扎克伯格（Mark Zuckerberg）也发出类似呼吁（尽管出于不同原因）。[2]

但这种监管应该采取什么形式？其目标应该是什么？应该由谁来监督？他们应该秉持什么样的价值观或标准？

人们早就发现，新兴技术会给立法者和监管者带来挑战。当我们不确定一项技术将采取什么形式，如何使用，或将带来什么风险时，很难判断现有规则是否足够，或是否需要出台新的监管方案。当探讨如人工智能这样的技术时，这一挑战尤其艰巨，因为人工智能实际上更像是一个大家族，包含了许多不同但彼此相关的技术，用途广泛。我们可能会问：什么样的规则或法律可以管理*这样的东西*？毕竟，根据定义，规则是相对确定和可预测的。那么对于一条试图通过不断变化来跟上技术快速发展的规则呢？你可能会认为，这根本就不符合规则的定义。

幸运的是，人工智能绝不是第一个带来这些挑战的新兴技术。如何制定合适的规则？可以参考此前曾出现新技术（如信息和通信技术以及基因和生殖技术）时的大量应对经验，择其善者而从之，其不善者而改之。

## 我们所说的"规则"是什么意思？

到目前为止，我们已经交替使用了"规则"（rules）、"监管"（regulation）和"法律"（laws）等术语，十分随意。但到底在谈论什么？事实上，在监管人工智能方面，选择相当广泛。一方面，监管可以相对"强硬"。很明显，这里指的是*法律*监管。

一说到"法律规则"，大多数人想到的可能是立法，即"成文法"。也可能想到法院的裁决。这两者都是法律规则的重要来源（实际上是最重要的）。但是，法律规则形式可以更加多样。例如，它们可以由获得授权的监管机构制定。例如，在辅助生殖技术领域，成文法规定像英国人类受精和胚胎学管理局（HFEA）和新西兰辅助生殖技术咨询委员会（ACART）这样的组织，至少在一定程度上有权设定相关技术的使用限度和条件。

"监管"是一个更宽泛的概念。在学术界，尽管这个概念备受讨论、存在争议，不过仍经常被认为比"法律"更宽泛。出于本书的写作目的，我们对什么是"监管"持开放态度。随着人工智能的出现，其产生的问题数量如此之多、范围如此之广，因而在开始之前就不能轻易放过任何可能的答案。就本书目的而言，"监管"意味着法律和法院判决，但它并不只是指这些。就像人工智能一样，适用于人工智能的规则不仅形式多样，而且范围广泛。

## 谁制定规则？

因此，监管不需要局限于法律禁令和命令，也不必限于立法机构、法院或监管机构发布的规则。它还可以采取什么其他形式？在人工智能背景下，常见的替代方案是*自我监管*。公司可以为自己制定规则，行业机构可以选择为其成员制定一些规则。

为什么一家公司或整个行业会选择制定规则来束缚自己的手脚？愤世嫉俗地讲，我们可能会把其视为一种自利的选择，以免受外部监管。在其他情况下，其他动机也可能起到一定作用。例如，可能是为了向客户和顾客提供保证，或者是为了建立和维护该行业安全和负责任的声誉。一些质疑自我监管是否充分的批评者对企业的动机持更明显的怀疑态度。凯西·科贝（Cathy Cobey）在《福布斯》杂志上撰文指出，即使公司呼吁加强外部监管，真正原因也是担心"如果把管理人工智能方法的决定权交给他们，公众或法院系统可能会在未来几年内推倒重来，让公司承担未知的未来责任"[3]。

自我监管能在多大程度上充分保护社会免受人工智能造成的最严重风险？对于许多评论家来说，这并不能提供足够保证。詹姆斯·阿瓦尼塔基斯（James Arvanitakis）认为，"对科技公司来说，需要在遵守数据处理道德和利用数据盈利之间进行权衡"。他进而得出结论："为了保护公众，需要从外部进行指导和监管。"[4]雅各布·特纳（Jacob Turner）也提出了类似观点，他解释说："道德考量往往不是首要的，或者至少是与为股东创造价值的要求相矛盾的。"[5]

在特纳看来，自我制定的规则的另一个弱点是，它们缺乏实际的法律约束力。他说："如果只是自愿遵守道德规则，为获得比较优势，公司可以决定遵守哪些规则。"[6]

最近，甚至一些行业巨头似乎也开始认为，虽然自我监管会发挥重要作用，但政府、立法机构和民间社会在制定规则方面也发挥作用。在谷歌2019年的《白皮书》中，谷歌具有预见性地倾向于将自我监管和共同监管相结合，它声称这将是"在绝大多数情况下解决和预防人工智能相关问题的最有效的可行方法"，并承认"在某些情况下，由外部制定的规则会有所助益"。[7]

有趣的是，谷歌认为，好处"不是因为不信任公司会公正、负责任，而是因为把这种决定权交给公司不民主"。[8]这与一些新兴技术评论家所说的"监管合法性"有关。"监管合法性"是指"随着技术成熟，监管者需要保持与社会认可的使用观点相一致的监管立场"[9]。简单地让该行业来制定规则并不能满足这一要求，至少在技术可能对个人或社会层面产生重要影响的领域行不通。

谷歌的首选解决方案似乎是一种"混合模式"，即将自我监管与外部施加的法律规则相结合。这种混合模式有很多先例可循。在许多国家，新闻媒体进行自我监管，如英国新闻投诉委员会、澳大利亚新闻理事会或新西兰媒体委员会。但在涉及诽谤法、隐私和官方机密等问题时，新闻媒体也要遵守"国家法律"。医疗行业也是如此，在许多方面既受"国家法律"约束，也受职业道德和组织内部纪律约束。违反职业规则的医生可能会被停职、受到限制甚至被"除名"，而违反社会法律的医生可能被起诉，有时甚至会坐牢。

这是不是监管人工智能的理想模式，可能取决于其在其他行业的运行情况。当自我监管作为法律监管的*替代品*而不是法律监管的附属品时，可能就会引起人们的怀疑。显然，没有什么能阻止一家公司或整个行业选择制定比现有法律*更严格*的规则。

## 灵　活　性

监管形式可以更灵活，也可以更死板。非常具体的规则几乎没有解释的空间。回到生殖技术领域，英国和新西兰的法律都明确禁止某些做法，例如创造动物与人类的混合体或克隆人。

在人工智能方面，人们已经几次呼吁彻底禁止某些应用。例如，2018年7月，生命未来研究所（Future of Life Institute）发表了一封公开信，讨论"自主武器在没有人类干预的情况下选择和攻击目标"的可能性。这封公开信目前已有3万多人签名，其中包括4500名人工智能和机器人研究人员，其结论是："发起军事人工智能军备竞赛是一个坏主意，应该禁止使用超出有意义人类控制的进攻性自主武器，从而防止军备竞赛。"[10]

人工智能技术的其他具体应用也已经被列入实际或建议禁止名单。有时，这些禁令是针对具体情境的。例如，加利福尼亚州已经颁布了一项（临时）禁令，禁止警察的执法记录仪增添面部识别功能[11]，而旧金山则更进一步，禁止所有城市机构使用该技术。[12]

这些都是*消极*义务的例子，这些规则告诉受其约束的人必须避免某种行事方式。规则也可以施加*积极*义务。加利福尼亚州再次提供了一个很好的例子。2019 年 7 月生效的《加强在线透明性法案》（BOT）"要求所有试图影响加利福尼亚州居民投票或购买行为的机器人都要明确表态"[13]。

这些新法律会发挥多大的监管作用还有待观察，但其监管目标十分明确具体。监管不一定总是如此明确，也可以采取更高层次的指导方针或原则。这些也很重要，但是其具备一定程度的灵活性，必须根据特定情况进行解释。

这种人工智能"软法律"的例子很多。欧盟委员会最近发布的人工智能原则就属于这种"软法律"，但我们也看到了经济合作与发展组织[14]、中国北京智源人工智能研究院[15]、英国上议院人工智能特别委员会[16]和日本人工智能学会[17]等机构出台的指导方针，以及生命未来研究所[18]发布的阿西洛马尔人工智能原则，谷歌和微软也出台了相关原则。[19]因而可以肯定地说，如果哪天人工智能出错了，可能不是因为缺少指导方针和原则！

如果审视这些不同的文件和声明，就会发现这些文件存在某种一致性。几乎所有文件都认为公平和透明性等原则很重要，而且其中大多数都坚持认为，人工智能要应用于促进人类福祉或繁荣。这似乎表明未来有希望达成国际共识。另外，我们可以说，这些原则和协议非常笼统。难道会有人*不同意*人工智能应该服务人类利益，或者认为它应该是不公平的吗？对于律师和监管者来说，魔鬼往往隐藏在细节里，隐蔽在将这些值得称赞但非常笼统的愿望变成具体规则的过程中，潜伏在其应用于现实决策时。他们还想知道：当诸如透明性与隐私、公平与安全等原则相互冲突时，应该怎么办？

有时，更坚定的规则和更灵活的规则可以同时发挥作用。新西兰的《人类辅助生殖技术法》除了明确具体禁止人类克隆等事情外，还包括监管机构在决策时必须牢记的一般指导原则。这些原则包括"应维护和促进今世后代的健康、安全、尊严"以及"应考虑并尊重社会中不同的伦理、精神和文化观点"。这些原则必须指导监管机构如何行事，但对于特定的决策，它们可以灵活解读。

规则具有约束力。这可能是大多数人最容易想到的规则特征。禁止酒后驾驶、入室盗窃和税务欺诈的法律不是自由裁量的。但是，规则也可以是建议性的，也许只是设定了"最佳实践"标准。有无约束力的分类和具体与一般的分类不同。一项规则可以是具体的（例如，如何使用一种特定类型的软件），但同时仅仅是建议性的。使用特定软件的程序员可以选择忽略该建议而不受惩罚。另外，规则可以是相当笼统或模糊的（比如我们刚才提到的原则），但却是强制性的。程序员*必须*遵守这些规则（即使在解释上有回旋余地）。

由此，我们可以看到，"监管"概念相当宽泛。它来源众多，既可以来自政府、立法机构和法院，也可以来自被授权监管特定领域的机构，甚至是来自行业或公司本身。监管的形式既可以非常具体（针对特定用途或做法的禁令），也可以高度概括为更高级别的原则。最后，它的效果可以是具有约束力的，能对违规者施以法律处罚；也可以是建议性的，人们自愿遵守。

以上任何一种监管方法，或者多种组合在一起，都可以用来监管人工智能。接下来要问的是：我们首先要监管什么？

## 定义问题：我们究竟在谈论什么？

对任何提议监管的人来说，第一项任务可能涉及界定监管的具体内容。若目标是"Lime 滑板车"或"激光笔"时，问题不大。但当目标是像"人工智能"这样宽泛的东西时，这项任务可能异常艰巨。

文献中常常会提及"人工智能没有广为接受的定义"。[20]乍一看，这的确是一个重要障碍。毕竟，法院需要知道如何应用新规则，监管机构需要知道新规则的职权范围，而利益相关者需要能够预测新规则的适用方式和对象。

在我们开始评估监管必要性之前，是否真的有必要定义"人工智能"？这可能取决于几个因素。是否需要精确定义可能很大程度上取决于是否试图建立针对人工智能的规则或监管结构。如果在这种情况下，更普遍适用的法律就足够了，那么定义上的挑战就不那么紧迫了，因为某物是否属于"人工智能"，丝毫不影响其法律地位。但是，如果认为需要专门针对人工智能的法律法规，那么当然应该定义其适用对象。

如何应对定义挑战？放弃通用定义，具体问题具体分析。可以为预测算法、面部识别技术或无人驾驶汽车制定规则，而不必过分担心是否符合"人工智能"的一般定义。

## 监管阶段：上游还是下游？

如果能够就监管*对象*和*方式*达成一致，那么监管者就必须决定何时监管。在某些情况下，早期监管（在技术推向市场甚至研发前）优势明显。如果认为一项技术十分危险或在道德上不可接受，那么当它仍处于假设阶段时，发出这样的信号可能有意义。在不太极端的情况下，早期干预也可能有好处，可以引导研究和投资方向。格里高利·曼德尔（Gregory Mandel）认为，可以预见早期阶段既得利益和沉没成本较少，"而且行业和公众也不太愿意维持现状"，因此，在早期阶段进行干预可能会遇到较少利益相关者的抵制。[21]

另外，有些时候，最好的办法是静观其变，出现问题就解决问题，而不是试图预测问题。受益于这种方法的技术案例便是互联网。凯斯·桑斯坦（Cass Sunstein）指出，在早期的"上游"阶段，很难准确预测推算成本和效益，因此在急于进行监管之前应谨慎思考。"如果后期能够更准确地做出预测，那么把决定推迟到后期就有（一定的）价值。"[22]

早期监管和后期监管哪个好？没有准确定论。一切都取决于技术的具体细节。幸运的是，我们没有面临二元选择，不用决定"现在做每件事"还是"以后做每件事"。我们完全可以尽早采取监管措施，消除那些特别严重、直接或明显的风险，并推迟那些带有更加不确定或遥远风险的决定，等到进一步了解情况后再处理。

## 监管倾斜和安全失误

然而，在许多情况下，没有办法将所有决策推迟到以后。当一项技术此刻已然存在，并且正在使用或申请使用时，就无法再考虑推迟决策了。

监管机构在面对不确定性时，应该采取什么样的决策方式？"监管倾斜"的概念描述了其应选择的起点和默认举措。如果他们不能确定监管是否正确（而且他们经常会感到怀疑），他们应该向哪个方向错下去？

一个解决此问题的有效方法是：面对不确定因素，监管者应该站在谨慎或安全的一边。有时称之为预防原则。当欧盟议会在 2017 年向欧盟委员会提出关于机器人技术的建议时，它建议研究活动应按照预防原则进行，预测潜在的安全影响并采取适当的预防措施。[23]

当一项新兴技术带有不确定风险时，人们往往倾向于采用预防措施。若一味等待能够证明其风险的确凿证据，可能会导致许多风险化为现实，造成本可预防的伤害或损失。在某些情况下，这种损失可能难以挽救，不仅导致个人伤害，而且无力回天。想想看，将一个转基因细菌或失控的纳米机器人释放到野外，会发生什么。对失控的超级人工智能的一些担忧就是如此。如果这些担忧很可能成真，那么它们就像马厩门，一旦马跑了，再关门也无济于事。

在谨慎应对风险的声音当中，尼克·博斯特罗姆（Nick Bostrom）可能是最出名的。他警告说："我们处理存在性风险的方法不能出错，没有机会从失败中吸取经验教训。"[24]博斯特罗姆提出了 maxipok 方法来应对此风险，这意味着我们的行动是为了"最大限度地提高好结果的概率，其中'好结果'是避免生存灾难的结果"。[25]

当风险存在时，如一些评论家似乎真的认为人工智能存在风险，预防措施就相当具有说服力。当然，挑战在于如何确定现实中有可信证据证明这种风险。法律和监管上的应对举措，并非针对未来学家和科幻小说家的乌托邦式的可怕想象。但是，监管者如何区分真实与幻想？从石棉到沙利度胺，再到人类活动引起的气候变化和全球大流行病，从古至今，到处都是被忽视、忽略或掩盖的与重大风险相关的恐怖故事。也许很少有人知道，历史上也不乏对新技术担忧的例子，尽管这些担忧在现代人看来非常可笑。文化人类学家吉纳维夫·贝尔（Genevieve Bell）回忆说，当铁路被刚刚发明出来时，批评者担心"女性的身体不是为每小时 50 英里（1 英里≈1.61 千米）的速度而设计的"，所以"当乘坐这样飞快的火车时，（女性乘客的）子宫会飞出（她们的）身体！"[26]

有些案件对监管者来说确实非常困难，因为所涉及的科学背景知识要求很高，而且有争议。在欧洲核子研究中心（CERN）的大型强子对撞机（LHC）启动前不久，一些忧心忡忡的科学家试图获得法院命令，阻止其启动。[27]其反对理由是担心大型强子对撞机可能产生黑洞，对地球构成生存威胁。这时法官可不是个好差事，他试图考量理论物理学家的反驳意见，大多数理论物理学家认为操作安全，但也有少数人认为会引发世界末日。

在这个案例中，法院选择相信大多数人的观点，启动大型强子对撞机，（据我们所知）没有发生任何灾难性事件。然而，优先考虑将存在性风险最小化也可能会在其他方向上犯错。

即使我们有很好的理由去认真对待重大警告，但是"道德数学"并不会总是能提供明确的解决之道。通常，避免某些风险意味着放弃某些利益。就某些人工智能技术而言，这些利益可能非常可观。例如，对无人驾驶汽车采取预防措施，肯定会消除无人驾驶汽车造成的死亡风险。但据估计，目前每年有 120 万人死于交通事故。如果无人驾驶汽车有可能大大减少这一数字，那么放弃这一机会本身就构成了很大的风险。

我们很容易会联想到人工智能的其他潜在应用也可能会出现同样的权衡。例如，在医疗诊断方面，人工智能有可能做得比人类好，有助于改善人类健康或延长寿命。

不过，那种似乎让博斯特罗姆和马斯克担忧的超级人工智能又是怎么回事呢？也许有理由采取预防举措禁止采用甚至研究此类技术。但是同样，从道德数学角度而言，我们这样做的代价是什么？为了防止人类被无意间引入超级人工智能领域，需要关闭哪些研究途径？这是否意味着必须放弃潜在的人工智能解决方案？而这些解决方案针对的是像气候变化这样迄今为止难以解决的问题。[28]一个失控的超级人工智能的威胁真的比这些问题更紧迫吗？

一个简单的规则，即"总是避免最坏的结果"，乍一看似乎很吸引人，但当各个方向都可能存在生存威胁时，或者当另一种选择似乎不太糟糕但可能性更高时，它并不清楚安全方面会如何出错。从这个角度来看，似乎真的没有简单的启发式方法可以保证避免发生最坏情况。

## 成立人工智能管理局？

立法机构制定的法律是法律的重要来源，具备某些优势。因为其由社会推选出的代表制定，因而具有民主合法性。它们可能高度透明（很难在没有人注意的情况下通过一项法律），这意味着，在理想情况下，其效果可预测。

但是，立法的缺点在于其出了名的反应迟钝。立法机构通过一项新法律需要花费很长时间。*众所周知，试图在几页纸中预测所有可能的情况

---

\* 经常但并非总是如此。2019 年 3 月 15 日，Facebook 直播新西兰城市克赖斯特彻奇的大规模枪击事件。澳大利亚政府出台立法，要求社交媒体平台"确保迅速删除"其内容服务中"可憎的暴力材料"。2019 年《分享重大暴力内容》刑法修正案[Criminal Code Amendment（Sharing of Abhorrent Violent Material）Act]于 4 月 6 日生效，这距离 Facebook 事件仅过去了三周。政府由于没有就该法的内容或可能的影响征求意见而受到批评，人们经常这样批评快速立法。

很困难，只有在法院将新法律应用于特定情况时才能决定其效力。

替代选择，或者说是补充选择，可能是设立专门的监管机构。马修·谢尔（Matthew Scherer）认为，监管机构在处理新兴技术上具备几大优势。可以设定特定的监管机构"来专门负责特定行业的监管或解决特定的社会问题"。[29]尽管立法机构的成员都是通才，但可以根据专业背景任命专业人才来负责监管机构。例如，新西兰的辅助生殖监管机构ACART，根据法规要求，至少有一名成员具有辅助生殖程序方面的专业知识，至少有一名人类生殖研究方面的专家。

谢尔认为，与法院制定的规则相比，监管机构也具备优势。法官的职权范围受到很大限制，只能对实际出现在其面前的案件做出决定。监管机构则没有类似限制。

监管机构形式多样，职权范围和责任也十分广泛。与立法一样，它们可以专门针对某项技术或某类技术。例如，ACART 和英国的 HFEA 都专注于生殖技术。也可以根据特定的政策目标或价值观设立监管机构。例如，英国信息专员办公室（ICO）和新西兰隐私专员办公室（OPC）就是专门为了关注隐私和数据保护而建立的。

监管机构也可以被赋予一系列广泛权力。有些机构具有强制检查职能，有些机构则能够实施惩罚和制裁，有些机构可以制定规则，还有些机构可以敦促或监督遵守其他机构制定的规则。通常情况下，他们的运作"更温和"，如发布最佳实践指南或实践守则，或只是在有要求时提供建议。考虑这些模式中哪一个最适合人工智能，显然很重要。

最近一个现有的监管机构例子引起了人们的兴趣。如何监管人工智能和算法？可能要向制药业取经。虽然各司法管辖区的具体情况不同，但大多数国家都设立了监管机构。最著名的莫过于美国食品药品监督管理局（FDA）。一些作者主张为人工智能建立类似 FDA 的监管机构。[30]

正如奥拉夫·格罗思（Olaf Groth）和其同事所指出的，并非每一项人工智能技术的应用都需要由监管机构进行审查。相反，该机构"需要明确的触发点，确定何时进行审查以及审查级别，类似于 FDA 对药品与营

养补充剂的弹性监管权".[31]

但安德里亚·科拉沃斯（Andrea Coravos）和其同事质疑是否能建立一个单一的人工智能监管机构，以涵盖所有学科和使用案例。相反，他们建议"监督可以而且应该根据每个应用领域进行调整"[32]。他们声称，医疗保健领域"已经准备好监管其领域内算法"，而"其他拥有监管机构的行业，如教育和金融，也可以负责通过指导甚至正式监管来阐明最佳实践"[33]。科拉沃斯和她的同事可能有自己的看法，但不清楚其模块化机构设置能否处理好激烈变化的创新技术领域提出的新难题。例如，我们已经谈到了社交媒体中的"机器人"或推荐算法可能会影响选举结果，或可能导致人们采取越来越极端的政治立场。这些都是迄今为止没有受到多少监管审查的生活领域。*

2019年，新西兰奥塔哥大学的研究人员（包括本书的一些作者）提议设立专门的监管机构，以解决预测性算法在政府机构中的使用问题。[34]这样的一个机构将如何运作？安德鲁·塔特（Andrew Tutt）在一篇文章中也提出了基于FDA的监管模式，考虑了一系列可能的功能。这些功能的监管程度从"轻触"到"强硬"不等。例如，该机构可以：作为一个标准制定机构行事，要求以公共安全名义披露技术细节，以及要求一些产品在部署前得到该机构批准。[35]根据塔特的分析，最后一项将建议仅限于最"不透明、复杂和危险"的用途。它可以"为该机构提供机会，要求公司证实其算法的安全性能"。塔特还建议，上市批准前应注明使用限制；就像药物一样，未经许可分销或"超适应证"使用人工智能可能会受到法律制裁。

部署前批准值得认真考虑。针对特定人工智能算法或程序的监管可能忽略了这样一个事实：在许多情况下，这些工具高度灵活。一个被批准用于无害用途的人工智能可被重新用于更敏感或危险的用途。

---

\* 当然，也有与政治影响相关的规则，但这些规则通常是关于向竞选活动或候选人捐款等事项，甚至在一些司法管辖区（公民联合会），这些规则相当少。但是，迄今为止，打着"在线讨论的人类贡献者"旗号的针对性活动广告和聊天机器人已经在很大程度上避免了监管审查，旧金山的新BOT法是一个罕见的例子。

## 为人工智能制定规则？

到目前为止，我们所讨论的规则都关乎人工智能，但都适用于人类制造、销售或使用人工智能产品。那么*编入*人工智能的规则呢？是否有理由要求或禁止某事？

同样，到目前为止，大部分的注意力都集中在有形的人工智能上，比如无人驾驶汽车和各种机器人，它们造成伤害的风险最明显。在无人驾驶汽车方面，梅赛德斯-奔驰公司明确承认，他们将对汽车进行编程，首先保障车载人员生命安全，而不是任何其他有风险的人。[36]驾驶辅助系统和主动安全主管克里斯托夫·冯·雨果（Christoph von Hugo）在接受采访时表示，这种逻辑表面上基于概率。他说："如果你知道你至少能救一个人，那就拯救车里那个人。"[37]

这种现成的逻辑最初可能有一些吸引力，但道德数学可能不那么容易赞同该观点。如果拯救"车里的人"的代价是牺牲人行道上的十个人呢？或者校车上的三十个人？人工智能必须对拯救车载人员有多大的信心，才能证明这样的判断是合理的？

更讽刺的是，我们可能想知道，如果奔驰或任何其他制造商承诺其他东西，他们会卖出多少辆无人驾驶汽车。几个月前，《科学》期刊上发表的一项研究表明，尽管相当多的人认识到为十个行人牺牲一名车载人员是道德的，但很少有人能这样做。[38]

你可能并不会觉得这个结果多么出乎所料。优先考虑我们自己和与我们关系密切的人的福祉是一种常见特征，具有明显的进化优势。作者们当然不会感到惊讶。他们写道："这是社会困境的典型特征。在这种情况下，每个人都忍不住坐享其成，而不是采取会导致全球最佳结果的行为。"[39]他们认为，一个典型的解决方案是"由监管者强制执行导致全球最佳结果的行为"。在此情况下，我们是否应该制定规则来防止坐享其成？

想象我们与设定优先考虑自己顾客生命的车辆行驶在同一条马路上。

这一想法似乎触及了人类道德价值观的核心：强调生命平等的平等主义和伤害最小化的功利主义。这也可能违反了反对主动危害的强大道德（和法律）规则。为了救自己的乘客而转弯撞上骑自行车之人或行人的汽车，不仅仅是没有做出崇高的牺牲，它还会主动危害到一个本来可能不会有危险的人。尽管刑法通常不会责备那些在紧急情况下对利他主义的自我牺牲退缩的人类司机，但对于那些在计算机实验室或汽车展示厅的平静环境中做出这种选择的人，刑法很可能会采取不同的看法。

其他生存优先的选择虽然利己色彩不那么浓厚，但同样挑战大家一致认可的共同价值观。2018 年的一项研究（"道德机器"）发现，在许多国家，无人驾驶汽车面临的困境存在一系列有趣的地区和文化差异。[40]有些常见偏好（如优先拯救年轻人而不是老年人）存在争议，但可以理解。有些偏好（优先考虑女性生命而不是男性生命）可能看起来很陈旧。还有一些（优先保护社会地位高的人而不是社会地位低的人）可能会让很多人觉得很讨厌。

这些研究虽然带有一定的人为因素，但可能表明有必要制定规则，确保在必须做出选择时不会掺杂可疑偏好。事实上，德国已经朝着这个方向采取了措施。2017 年，德国联邦交通和数字基础设施部的道德委员会发表了一份关于自动互联化驾驶的报告。该报告特别提到了一些困境，以及相应的可写入算法程序的各种规则，"在不可避免的事故情况下，严格禁止任何基于个人特征（年龄、性别、身体或精神体质）的区分"。

报告还指出，尽管"减少人身伤害总数的规划可能合理"，但不允许牺牲那些没有"处于移动风险范围"的人的生命安全去换取参与者的安全。[41]换句话说，不能牺牲无辜的行人、旁观者、骑自行车的人等来拯救自动驾驶汽车的乘客。

自动驾驶汽车可能是目前最能体现这种挑战的例子，但它们不可能是最后一个。到目前为止，对于那些法律无法回应的过于罕见或过于本能的决定，现在有规则能够有意义地发挥作用。但是，正如"道德机器"研究所显示的，监管机构可能很难就规则达成伦理共识，而且迄今为止的研究表明，将这些决定留给市场并不能保证其结果能令大多数人满意。

# 结　语

我们需要制定新的人工智能规则，但这种规则并不总是需要专门针对人工智能。随着人工智能进入我们生活的各个领域，它将接触到适用于商业、交通、就业、医疗保健和其他一切的更普遍规则。

我们也并不总是需要制定*新*规则。一些现有的法律法规将非常直接地适用于人工智能（尽管它们可能需要将部分内容做一些调整）。在急于从头开始建立一个新的监管制度之前，我们需要评估一下已有的规则。

当然，对于人工智能来说，制定专门的规则很有必要，很容易填补现有法律中关于人工智能的一些空白。其他法律空白将迫使我们重新审视这些法律背后的价值观和假设。在制定任何新的技术监管对策时，关键挑战是确保其能满足社会所有成员的需求，而不仅仅是满足科技企业家及其客户或者是社会中任何其他有影响力群体的需求。

# 后　记

　　我们从 2019 年开始写这本书。包括很多政府在内的许多人逐渐意识到人工智能技术带来的挑战，通过监管以最大限度降低其风险的运动正蓄势待发。过去、现在和未来，人们都会非常关心和担心自己会不会受到难以质疑甚至难以理解的算法决策的影响，会不会因为人工智能而丢掉工作或乘坐无人驾驶汽车。

　　但我们开始写这本书的时候，没有人听说过"COVID-19"这个词。

　　当我们完成本书的最后一笔时，我们看到的是一个仍然处于大流行病之中的世界。感染人数接近 150 万，其中死亡人数达 7.5 万。整个国家都处于封锁状态，据估计，世界上 1/3 的人口受到某种限制，许多人基本上被限制在家里。紧急状态法正在迅速生效，并正在不顾一切地采取措施来弥补医疗服务方面的不足，防止经济崩溃。

　　试图预测 COVID-19 将带来的变化的性质和规模，徒劳无功。不过，似乎可以肯定地说，对许多人、社会和政府来说，2020 年的疫情将导致重新评估优先事项。

　　这些优先事项的改变将反映在监管对策中。2020 年 3 月下旬，英国《金融时报》援引了一位"直接了解欧盟委员会想法"的匿名人士的话："欧盟目前尚未改变其立场，但正在更积极地思考他们在人工智能白皮书中所提建议可能产生的意想不到的后果。"[1]

我们只能猜测他们在想什么意想不到的后果，但不难想象，在当前危机背景下，安全和隐私之间的平衡可能会发生转变。人工智能是否能像人类一样胜任工作可能就不那么重要了，可能比它们是否能在没有人类的情况下提供某种帮助更重要。对算法工具进行严格的测试和审查似乎是一种奢望，因为它们承诺有机会及早发现或追踪感染者，分配稀缺资源，甚至可能确定治疗方案。

这可以理解，实际上不可避免。在这场危机的直接控制下，注意力集中在任何可以减缓疾病传播并为需要帮助的人提供基本治疗的事情上。但是，随着我们从数月的封锁进入时间可能更长的限制、监视和配给期，我们将不得不提出有关隐私、安全、公平和尊严的尖锐问题。随着政府和警察获得新的权力，技术迅速用于跟踪和监控我们的行动和日常接触，责任和民主问题不能被忽视。正如我们在序言中提到的那样，目前用于追踪感染者接触面的技术——或许更有争议的是，用于警察检疫合规的技术并不会在危机过后消失。期望政府、警察部队和私营公司归还这些权力很天真。

未来的工作也可能大为不同。COVID-19危机告诉我们，许多工作不稳定的人，例如，快递员、清洁工、货架搬运工，他们对社会运转至关重要。然而，当企业在一场似乎极有可能旷日持久的衰退中挣扎求生时，如果技术替代工人似乎要更加经济可行，那么这些工人的生计可能会受到威胁。就在我们写这篇后记的时候，西班牙已经宣布打算推出一项永久性的全民基本收入制度，而就在几个月前，这项措施还被广泛认为是试验性的且可能负担不起。[2]在我们周围，几乎无法想象的事情正在迅速被严肃对待。

在决定如何应对这些挑战时，我们需要技术、伦理、法律、经济和其他方面的专业知识。"我们听够了专家们的意见"这种民粹主义的说法肯定会逐渐消失，至少在一段时间内。但这类决定不能只由专家来做。技术统治论不是民主。由富裕的科技企业家组成的寡头政治也不是。

如果我们要充分利用人工智能技术的优势，同时避免陷阱，就必须时刻保持警惕。不仅仅是政府和监管机构需要警惕，尽管我们坚信这是必要的；也不仅仅是活动家和学者需要警惕，尽管我们希望本书做出了微薄的贡献；而是社会的各个部门都需要保持警惕：那些将处于算法决策最前沿的人，以及那些工作将被改变或完全取代的人。

对十那些已经在经济小安全、歧视、国家庄迫或雇主剥削行为中挣扎的人来说，花时间学习人工智能之类的东西，难度可想而知。这一领域的发展速度令人困惑。但对于那些有资源和意愿的公民，我们祝你们一切顺利。你们作为公民审查者的角色对于保证技术及其应用的公平至关重要。我们希望本书能支持你们的努力。

# 关 于 作 者

约翰·泽里利（John Zerilli）：哲学家，剑桥大学利弗休姆未来智能中心副研究员；

约翰·达纳赫（John Danaher）：爱尔兰国立大学戈尔韦分校法学院高级讲师；

詹姆斯·麦克劳林（James Maclaurin）：新西兰奥塔哥大学哲学教授；

科林·加瓦安（Colin Gavaghan）：新西兰奥塔哥大学法学教授；

阿利斯泰尔·诺特（Alistair Knott）：新西兰奥塔哥大学计算机科学系副教授；

乔伊·利迪科特（Joy Liddicoat）：律师，专注于人权和技术研究，曾任新西兰隐私专员办公室助理专员；

梅里尔·诺曼（Merel Noorman）：荷兰蒂尔堡大学人工智能、机器人学及科学技术与社会研究助理教授。

# 注　释

## 序　言

1　A. M. Lowe, "Churchill and Science," in *Churchill by His Contemporaries*, ed. Charles Eade (London: Reprint Society, 1955), 306.

2　Jamie Susskind, *Future Politics: Living Together in a World Transformed by* Tech (New York: Oxford University Press, 2018), 54

3　Richard Susskind and Daniel Susskind, *The Future of the Professions: How Technology Will Transform the Work of Human Experts* (Oxford: Oxford University Press, 2015), 50.

4　Tim Hughes, "Prediction and Social Investment," in *Social Investment: A New Zealand Policy Experiment*, ed. Jonathan Boston and Derek Gill (Wellington: Bridget Williams Books, 2018), 162.

5　Paul E. Meehl, *Clinical Versus Statistical Prediction: A Theoretical Analysis and a Review of the Evidence* (Minneapolis: University of Minnesota Press, 1954); R. M. Dawes, D. Faust, and P. E. Meehl, "Clinical Versus Actuarial Judgment," *Science* 243, no. 4899 (March 1989): 1668-1674; W. M. Grove et al., "Clinical Versus Mechanical Prediction: A Meta-Analysis," *Psychological Assessment* 12, no. 1 (April 2000): 19-30; J. Kleinberg et al., *Human Decisions and Machine Predictions* (Cambridge, MA: National Bureau of Economic Research, 2017).

6　Hughes, "Prediction and Social Investment," 164-165.

7　M. Ribeiro, S. Singh and C. Guestrin, "'Why Should I Trust You?' Explaining the Predictions of Any Classifier," *Proc. 22nd ACM International Conference on Knowledge Discovery and Data Mining* (2016): 1135-1144.

8 Steve Lohr, "Facial Recognition Is Accurate, if You're a White Guy," *New York Times*, February 9, 2018.

9 Stuart Russell and Peter Norvig, *Artificial Intelligence: A Modern Approach*, 3rd ed. (Upper Saddle River, NJ: Prentice Hall, 2010), 3.

10 Luciano Floridi, *The Fourth Revolution: How the Infosphere is Reshaping Human Reality* (Oxford: Oxford University Press, 2014).

11 *Associated Provincial Picture Houses Ltd. v. Wednesbury Corporation*, [1948] 1 K.B. 223.

12 Alvin Toffler, *Future Shock*, British Commonwealth ed. (London: Pan Books, 197), 399.

13 同上，第 398 页。

# 第 1 章

1 Marvin Minsky, ed. *Semantic Information Processing* (Cambridge, MA: MIT Press, 1968).

2 Nigel Watson, Barbara Jones, and Louise Bloomfield, *Lloyd's Register: 250 Years of Service* (London: Lloyd's Register, 2010).

3 Maurice Ogborn, *Equitable Assurances: The Story of Life Assurance in the Experience of the Equitable Life Assurance Society 1762-1962* (London: Routledge, 1962).

4 Samuel Kotz, "Reflections on Early History of Official Statistics and a Modest Proposal for Global Coordination," *Journal of Official Statistics* 21, no. 2 (2005): 139-144.

5 Martin Clarke, "Why Actuaries Are Essential to Government," *UK Civil Service Blog*, December 4, 2018, https://civilservice.blog.gov.uk/2018/12/04/why-actuaries-are-essential-to-government.

6 Martin H. Weik, "The ENIAC Story," *Ordnance, the Journal of the American Ordnance Association* (January-February 1961): 3-7.

7 George W. Platzman, *The ENIAC Computation of 1950: Gateway to Numerical Weather Prediction* (Chicago: University of Chicago Press, 1979).

8 Judy D. Roomsburg, "Biographical Data as Predictors of Success in Military Aviation Training," Paper presented to the Faculty of the Graduate School of the University of Texas at Austin, December 1988.

9 Wei-Yin Loh, "Fifty Years of Classification and Regression Trees," *International Statistical Review* 82, no. 3 (2014): 329-348.

10 Frank Rosenblatt, *The Perceptron: A Perceiving and Recognizing Automaton* (Buffalo: Cornell Aeronautical Laboratory, 1958).

11 Donald Hebb, *The Organization of Behavior: A Neuropsychological Theory* (Oxford:

Wiley, 1949).

12 Alex Krizhevsky et al., "ImageNet Classification with Deep Convolutional Neural Networks," *Communications of the ACM* 60, no. 6 (May 2017): 84-90.

# 第 2 章

1 本章部分内容经授权转载自施普林格·自然出版的《哲学与技术》一书中的"算法和人类决策的透明度：是否存在双重标准？"一章，作者为约翰·泽里利、阿利斯泰尔·诺特、詹姆斯·麦克劳林和科林·加瓦安，出版于 2018 年。因此，它代表了这些作者深思熟虑后的观点。

2 维基百科"聪明的汉斯"词条最新修改于 2020 年 3 月 12 日，详情见网址：https://en.wikipedia.org/wiki/Clever_Hans。

3 同上。

4 Edward T. Heyn, "Berlin's Wonderful Horse: He Can Do Almost Everything but Talk," *New York Times*, September 4, 1904, https://timesmachine.nytimes.com/timesmachine/1904/09/04/101396572.pdf.

5 S. Lapuschkin et al., "Analyzing Classifiers: Fisher Vectors and Deep Neural Networks," *IEEE Conference on Computer Vision and Pattern Recognition* (2016): 2912-2920.

6 S. Lapuschkin et al., "Unmasking Clever Hans Predictors and Assessing What Machines Really Learn," *Nature Communications* 10 (March 2019): 1-8.

7 A. Mordvintsev, C. Olah and M. Tyka, "Inceptionism: Going Deeper into Neural Networks," 2015, *Google AI Blog*, https://ai.googleblog.com/2015/06/inceptionism-going-deeper-into-neural.html.

8 见新西兰"信息自由"立法《官方信息法》（1982 年）第 23 条，网址：http://www.legislation.govt.nz/act/public/1982/0156/latest/DLM65628.html。

9 Lilian Edwards and Michael Veale, "Slave to the Algorithm? Why a 'Right to an Explanation' Is Probably Not the Remedy You Are Looking For," *Duke Law and Technology Review* 16, no. 1 (2017): 18-84.

10 Jenna Burrell, "How the Machine 'Thinks': Understanding Opacity in Machine Learning Algorithms," *Big Data and Society* 3, no. 1 (2016): 1-12; Edwards and Veale, "Slave to the Algorithm"; Lilian Edwards and Michael Veale, "Enslaving the Algorithm: From a 'Right to an Explanation' to a 'Right To Better Decisions'?" *IEEE Security and Privacy* 16, no. 3 (2018): 46-54; Michael Veale and Lilian Edwards, "Clarity, Surprises, and Further Questions in the Article 29 Working Party Draft Guidance on Automated Decision-Making

and Profiling," *Computer Law and Security Review*34 (2018): 398-404; G. Montavon, S. Bach, A. Binder, W. Samek, and K. R. Müller, "Explaining Nonlinear Classification Decisions with Deep Taylor Decomposition," *Pattern Recognition* 65 (2018): 211; "The IEEE Global Initiative on Ethics of Autonomous and Intelligent Systems," IEEE Standards Association, https://standards.ieee.org/industry-connections/ec/autonomous-systems.html.

11 Edwards and Veale, "Slave to the Algorithm," 64 (着重部分由作者标明).

12 "The IEEE Global Initiative on Ethics of Autonomous and Intelligent Systems," IEEE Standards Association, https://standards.ieee.org/industry-connections/ec/autonomous-systems. html, (着重部分由作者标明).

13 见网址：https://standards.ieee.org/develop/project/7001.html。

14 欧洲议会和理事会于 2016 年 4 月 27 日颁布（EU）2016/679 号条例，关于处理个人数据时保护自然人和此类数据的自由流动，废除指令 95/46/EC（《一般数据保护条例》），OJ L 119，27.3.2016，第 1 页。

15 S. Dutta, "Do computers make better bank managers than humans?" *The Conversation*, October 17, 2017.

16 Brent D. Mittelstadt, Patrick Allo, Mariarosaria Taddeo, Sandra Wachter, and Luciano Floridi, "The Ethics of Algorithms: Mapping the Debate," *Big Data and Society* 16 (2016): 1-21, 7.

17 Luke Muehlhauser, "Transparency in Safety-critical Systems." *Machine Intelligence Research Institute* (blog), August 25, 2013, https://intelligence.org/2013/08/25/transparency-in-safety-critical-systems/.

18 Ronald Dworkin, *Taking Rights Seriously* (London: Duckworth, 1977); Ronald Dworkin, *Law's Empire* (London: Fontana Books, 1986).

19 House of Lords, Select Committee on Artificial Intelligence, "AI in the UK: Ready, Willing, and Able?" April 2018, https://publications.parliament.uk/pa/ld201719/ldselect/ldai/100/100.pdf, 38.

20 同上。

21 同上，第 40 页（着重部分由作者标明）。

22 同上，第 37 页。

23 S. Plous, ed. *Understanding Prejudice and Discrimination* (New York: McGraw-Hill, 2003), 2.

24 S. Plous, "The Psychology of Prejudice, Stereotyping, and Discrimination," in *Understanding Prejudice and Discrimination*, ed. S. Plous (New York: McGraw-Hill, 2003), 17.

25 R. McEwen, J. Eldridge, and D. Caruso, "Differential or Deferential to Media? The Effect

of Prejudicial Publicity on Judge or Jury," *International Journal of Evidence and Proof* 22, no. 2 (2018): 124-143, 126.

26 同上，第 136 页。

27 同上，第 140 页。

28 Jeremy Waldron, *The Law* (London: Routledge, 1990).

29 见《最高法院法案》第 101 条（2）（新南威尔士州）。

30 *Devries v. Australian National Railways Commission* (1993) 177 CLR 472 (High Court of Australia); *Abalos v. Australian Postal Commission* (1990) 171 CLR 167 (High Court of Australia); cf. *Fox v. Percy* (2003) 214 CLR 118 (High Court of Australia).

31 J. C. Pomerol and F. Adam, "Understanding Human Decision Making: A Fundamental Step towards Effective Intelligent Decision Support," in *Intelligent Decision Making: An AI-Based Approach*, ed. G. Phillips-Wren, N. Ichalkaranje, and L. C. Jain (Berlin: Springer, 2008), 24.

32 同上。

33 同上。

34 M. Piattelli-Palmarini, La *R'eforme du Jugement ou Comment Ne Plus Se Tromper* (Paris: Odile Jacob, 1995); A. Tversky and D. Kahneman, "Judgment Under Uncertainty: Heuristics and Biases," *Science* 185 (1974): 1124-1131.

35 Pomerol and Adam, "Understanding Human Decision Making."

36 J. Pohl, "Cognitive Elements of Human Decision Making,"in *Intelligent Decision Making: An AI-Based Approach*, ed. G. Phillips-Wren, N. Ichalkaranje, and L.C. Jain (Berlin: Springer, 2008).

37 Montavon et al., "Explaining Nonlinear Classification Decisions."

38 M. Ribeiro, S. Singh, and C. Guestrin, "'Why Should I Trust You?' Explaining the Predictions of Any Classifier," *Proc. 22nd ACM International Conference on Knowledge Discovery and Data Mining* (2016): 1135-1144.

39 Chaofan Chen et al., "*This Looks Like That*: Deep Learning for Interpretable Image Recognition," Preprint, submitted June 27, 2018, https://arxiv.org/pdf/1806.10574.pdf.

40 同上，第 2 页（着重部分由作者标明）。

41 Alexander Babuta, Marion Oswald, and Christine Rinik, "Machine Learning Algorithms and Police Decision-Making: Legal, Ethical and Regulatory Challenges," *Whitehall Reports* (London: Royal United Services Institute, 2018), 18.

42 Zoe Kleinman, "IBM Launches Tool Aimed at Detecting AI Bias," *BBC*, September 9, 2019.

43 同上。

44　John Zerilli, "Explaining Machine Learning Decisions," 2020 (submitted manuscript).

45　E. Langer, A. E. Blank, and B. Chanowitz, "The Mindlessness of Ostensibly Thoughtful Action: The Role of 'Placebic' Information in Interpersonal Interaction," *Journal of Personality and Social Psychology* 36, no. 6 (1978): 635-642.

46　W. M. Oliver and R. Batra, "Standards of Legitimacy in Criminal Negotiations," *Harvard Negotiation Law Review* 20 (2015): 61-120.

# 第 3 章

1　A. Tversky and D. Kahneman, "Judgment Under Uncertainty: Heuristics and Biases," *Science* 185 (1974): 1124-1131.

2　Gerd Gigerenzer, Peter M. Todd, and the ABC Research Group, *Simple Heuristics That Make Us Smart* (New York: Oxford University Press, 1999).

3　A. Tversky and D. Kahneman, "Availability: A Heuristic for Judging Frequency and Probability," *Cognitive Psychology* 5, no. 2 (1973): 207-232.

4　G. Loewenstein, *Exotic Preferences: Behavioral Economics and Human Motivation* (New York: Oxford University Press, 2007), 283-284.

5　Endre Begby, "The Epistemology of Prejudice," *Thought: A Journal of Philosophy* 2, no. 1 (2013): 90-99; Sarah-Jane Leslie, "The Original Sin of Cognition: Fear, Prejudice, and Generalization," *Journal of Philosophy* 114, no. 8 (2017): 393-421.

6　S. Lichtenstein, B. Fischoff and L. D. Phillips, "Calibration of Probabilities: The State of the Art to 1980," in *Judgment Under Uncertainty: Heuristics and Biases*, ed. D. Kahneman, P. Slovic, and A. Tversky (Cambridge: Cambridge University Press, 1982).

7　N. Arpaly, *Unprincipled Virtue: An Inquiry into Moral Agency* (New York: Oxford University Press, 2003).

8　Miranda Fricker, *Epistemic Injustice: Power and the Ethics of Knowing* (New York: Oxford University Press, 2007).

9　Begby, "The Epistemology of Prejudice"; Leslie, "The Original Sin of Cognition."

10　J. Pohl, "Cognitive Elements of Human Decision Making," in *Intelligent Decision Making: An AI-Based Approach*, ed. G. Phillips-Wren, N. Ichalkaranje, and L. C. Jain (Berlin: Springer, 2008); A. D. Angie, S. Connelly, E. P. Waples, and V. Kligyte, "The Influence of Discrete Emotions on Judgement and Decision-Making: A MetaAnalytic Review," *Cognition and Emotion* 25, no. 8 (2011): 1393-1422.

11　Cathy O'Neil, *Weapons of Math Destruction: How Big Data Increases Inequality and*

*Threatens Democracy* (New York: Broadway Books, 2016).

12　Toby Walsh, *2062: The World that AI Made* (Melbourne: La Trobe University Press, 2018).

13　Virginia Eubanks, *Automating Inequality: How High-Tech Tools Profile, Police, and Punish the Poor* (New York: St Martin's Press, 2017)

14　J. Larson, S. Mattu, L. Kirchner, and J. Angwin, "How We Analyzed the COMPAS Recidivism Algorithm," *ProPublica*, May 23, 2016, https://www.propublica.org/article/how-we-analyzed-the-compas-recidivism-algorithm.

15　H. Couchman, *Policing by Machine: Predictive Policing and the Threat to Our Rights* (London: Liberty, 2018).

16　Jessica M. Eaglin, "Constructing Recidivism Risk," *Emory Law Journal* 67: 59-122.

17　Lucas D. Introna, "The Enframing of Code," *Theory, Culture and Society* 28, no. 6 (2011): 113-141.

18　T. Petzinger, *Hard Landing: The Epic Contest for Power and Profits that Plunged the Airlines into Chaos* (New York: Random House, 1996).

19　Jamie Bartlett, *The People Vs Tech: How the Internet is Killing Democracy (and How We Save It)* (London: Penguin, 2018); Jamie Susskind, *Future Politics: Living Together in a World Transformed by Tech* (New York: Oxford University Press, 2018).

20　Joseph Turow, *The Daily You: How the New Advertising Industry Is Defining Your Identity and Your Worth* (New Haven: Yale University Press).

21　D. W. Hamilton, "The Evolution of Altruistic Behavior," *American Naturalist* 97, no. 896 (1963): 354-356.

22　H. Tajfel, "Experiments in Intergroup Discrimination," *Scientific American* 223, no. 5 (1970): 96-102.

23　Tim Hughes, "Prediction and Social Investment," in *Social Investment: A New Zealand Policy Experiment*, ed. Jonathan Boston and Derek Gill (Wellington: Bridget Williams Books, 2018), 167.

24　E. Vul and H. Pashler, "Measuring the Crowd Within: Probabilistic Representations within Individuals," *Psychological Science* 19, no. 7 (2008): 645-647.

25　J. Surowiecki, *The Wisdom of Crowds: Why the Many Are Smarter than the Few and How Collective Wisdom Shapes Business, Economies, Societies and Nations* (New York: Doubleday, 2004).

26　Randy Rieland, "Artificial Intelligence Is Now Used to Predict Crime. But Is It Biased?" *Smithsonian,* March 5, 2018.

27　O'Neil, *Weapons of Math Destruction*, 58.

28　American Civil Liberties Union et al., *Predictive Policing Today: A Shared Statement of*

*Civil Rights Concerns,* 2016, https://www.aclu.org/other/statement-concern-about-predictive-policing-aclu-and-16-civil-rights-privacy-racial-justice.

29 Kristian Lum and William Isaac, "To Predict and Serve? Bias in Police-Recorded Data," *Significance* (October 2016): 14-19.

30 同上，第 16 页。

31 Andrew D. Selbst, Danah Boyd, Sorelle A. Friedler, Suresh Venkatasubramanian, and Janet Vertesi, "Fairness and Abstraction in Sociotechnical Systems," *Proc. Conference on Fairness, Accountability, and Transparency* (2019): 59-68

32 Lucas D. Introna, "Maintaining the Reversibility of Foldings: Making the Ethics (Politics) of Information Technology Visible," *Ethics and Information Technology* 9, no. 1 (2006): 11-25.

33 I. Leki and J. Carson, "Completely Different Worlds: EAP and the Writing Experiences of ESL Students in University Courses," *TESOL Quarterly* 31, no.1 (1997): 39-69.

34 D. G. Copeland, R. O. Mason, and J. L. McKenney, "Sabre: The Development of Information-Based Competence and Execution of Information-Based Competition," *IEEE Annals of the History of Computing*, 17, no. 3 (1995): 30-57.

35 Petzinger, *Hard Landing.*

36 同上。

37 Benjamin G. Edelman, "Leveraging Market Power Through Tying and Bundling: Does Google Behave Anti-Competitively?" *Harvard Business School* NOM Unit Working Paper, no. 14-112 (2014).

38 D. Mattioli, "On Orbitz, Mac Users Steered to Pricier Hotels," *The Wall Street Journal, August* 23, 2013.

39 G. Neff and P. Nagy, "Talking to Bots: Symbiotic Agency and the Case of Tay," *International Journal of Communication* 10 (2016): 17.

40 P. Mason, "The Racist Hijacking of Microsoft's Chatbot Shows How the Internet Teems with Hate,"*The Guardian*, March 29, 2016, https://www.theguardian.com/world/2016/mar/29/microsoft-tay-tweets-antisemitic-racism.

41 Peter Lee, "Learning from Tay's Introduction," *Official Microsoft Blog*, March 25, 2016, https://blogs.microsoft.com/blog/2016/03/25/learning-tays-introduction/#sm.00000gjdpwwcfcus11t6oo6dw79gw.

42 Adam Rose, "Are Face-Detection Cameras Racist?" *Time*, January 22, 2010.

43 D. Harwell, "The Accent Gap," *The Washington Post*, July 19, 2018, https://www.washingtonpost.com/graphics/2018/business/alexa-does-not-understand-your-accent/?utm_term=.3ee603376b8e.

44 N. Furl, "Face Recognition Algorithms and the Other-Race Effect: Computational Mechanisms for a Developmental Contact Hypothesis," *Cognitive Science* 26 no. 6 (2002): 797-815.

45 Lucas D. Introna and David Wood, "Picturing Algorithmic Surveillance: The Politics of Facial Recognition Systems," *Surveillance and Society* 2: 177-198.

46 R. Bothwell, J. Brigham and R. Malpass, "Cross-Racial Identification," *Personality and Social Psychology Bulletin* 15 (1985): 19-25.

47 Amanda Levendowski, "How Copyright Law Can Fix Artificial Intelligence's Implicit Bias Problem," *Washington Law Review* 93 (2018): 579-630.

48 Tom Simonite, "Probing the Dark Side of Google's Ad-Targeting System," *MIT Technology Review,* July 6, 2015, https://www.technologyreview.com/s/539021/probing-the-dark-side-of-googles-ad-targeting-system/.

49 Northpointe, *Practitioner's Guide to COMPAS*, 2015, http://www.northpointeinc.com/downloads/compas/Practitioners-Guide-COMPAS-Core-_031915.pdf.

50 Larson et al., "How We Analyzed the COMPAS Recidivism Algorithm."

51 Alexandra Chouldechova, "Fair Prediction with Disparate Impact: A Study of Bias in Recidivism Prediction Instruments," *Big Data* 5, no. 2 (2017): 153-163.

52 同上。

53 Sam Corbett-Davies, Emma Pierson, Avi Feller, and Sharad Goel, "A Computer Program Used for Bail and Sentencing Decisions Was Labeled Biased against Blacks. It's Actually Not That Clear," *Washington Post*, October 17, 2016.

# 第 4 章

1 H. L. A. Hart, *Punishment and Responsibility: Essays in the Philosophy of Law*, 2nd ed. (New York: Oxford University Press, 2008).

2 同上，第 211 页。

3 J. Ladd, "Computers and Moral Responsibility: A Framework for an Ethical Analysis," in *The Information Web: Ethical and Social Implications of Computer Networking*, ed. C. C. Gould (Boulder, CO: Westview Press, 1989); D. Gotterbarn, "Informatics and Professional Responsibility," *Science and Engineering Ethics* 7, no. 2 (2001): 221-230.

4 Deborah G. Johnson, "Computer Systems: Moral Entities but Not moral Agents," *Ethics and Information Technology* 8, no. 4 (November 2006): 195-204.

5 Andrew Eshleman, "Moral Responsibility," in *The Stanford Encyclopedia of Philosophy* ed.

Edward N. Zalta, Winter 2016, https://plato.stanford.edu/entries/moral-responsibility/.

6 Maurice Schellekens, "No-Fault Compensation Schemes for Self-Driving Vehicles," *Law, Innovation and Technology* 10, no. 2 (2018): 314-333

7 Peter Cane, *Responsibility in Law and Morality* (Oxford: Hart Publishing, 2002).

8 同上。

9 Karen Yeung, "A Study of the Implications of Advanced Digital Technologies (Including AI Systems) for the Concept of Responsibility Within a Human Rights Framework," Preprint, submitted 2018, https://ssrn.com/abstract=3286027.

10 Carl Mitcham, "Responsibility and Technology: The Expanding Relationship," in *Technology and Responsibility,* ed. Paul T. Durbin (Dordrecht, Netherlands: Springer, 1987).

11 M. Bovens and S. Zouridis, "From Street-Level to System-Level Bureaucracies: How Information and Communication Technology Is Transforming Administrative Discretion and Constitutional Control," *Public Administration Review* 62, no. 2 (2002): 174-184.

12 Hans Jonas, *The Imperative of Responsibility: In Search of an Ethics for the Technological Age* (Chicago: University of Chicago Press, 1984).

13 Andreas Matthias, "The Responsibility Gap: Ascribing Responsibility for the Actions of Learning Automata," *Ethics and Information Technology* 6, no. 3 (September 2004): 175-183.

14 See, e.g., K. Himma, "Artificial Agency, Consciousness, and the Criteria for Moral Agency: What Properties Must an Artificial Agent Have to be a Moral Agent?" *Ethics and Information Technology* 11, no. 1 (2009): 19-29.

15 L. Suchman, "Human/Machine Reconsidered," *Cognitive Studies* 5, no. 1 (1998): 5-13.

16 Gary Marcus, "Innateness, AlphaZero, and Artificial Intelligence," Preprint, submitted January 17, 2018, https://arxiv.org/pdf/1801.05667.pdf

17 Madeleine C. Elish, "Moral Crumple Zones: Cautionary Tales in Human Robot Interaction," *Engaging Science, Technology and Society* 5 (2019): 40-60.

18 David C. Vladeck, "Machines Without Principals: Liability Rules and Artificial Intelligence," *Washington Law Review* 89 (2014): 117-150.

19 同上。

20 Luciano Floridi and J. W. Sanders, "On the Morality of Artificial Agents," *Minds and Machines* 14, no. 3 (August 2004): 349-379.

21 Colin Allen and Wendel Wallach, "Moral Machines: Contradiction in Terms or Abdication of Human Responsibility?" in *Robot Ethics: The Ethical and Social Implications of Robotics,* ed. Patrick Lin, Keith Abney, and George A. Bekey (Cambridge, MA: MIT Press,

2012).

22 Johnson, "Computer Systems"; Deborah G. Johnson and T. M. Power, "Computer Systems and Responsibility: A Normative Look at Technological Complexity," *Ethics and Information Technology* 7, no. 2 (June 2005): 99-107.

23 Peter Kroes and Peter-Paul Verbeek, ed. *The Moral Status of Technical Artefacts* (Dordrecht, Netherlands: Springer, 2014).

24 Peter-Paul Verbeek, "Materializing Morality," *Science, Technology, and Human Values* 31, no. 3 (2006): 361-380.

25 Ugo Pagallo, "Vital, Sophia, and Co.: The Quest for the Legal Personhood of Robots," *Information* 9, no. 9 (2019): 1-11.

# 第 5 章

1 本章的部分内容转载自施普林格·自然旗下的《思想与机器》期刊中的"算法决策与控制问题"一文，作者为约翰·泽里利、阿利斯泰尔·诺特、詹姆斯·麦克劳林和科林·加瓦安，发表于 2019 年。因此，它代表了这些作者深思熟虑后的观点。

2 C. Villani, *For a Meaningful Artificial Intelligence: Towards a French and European Strategy*, 2018, https://www.aiforhumanity.fr/pdfs/MissionVillani_Report_ENG-VF.pdf.

3 AI Now Institute, *Litigating Algorithms: Challenging Government Use of Algorithmic Decision Systems,* (New York: AI Now Institute, 2018), https://ainowinstitute.org/litigatingalgorithms.pdf.

4 同上。

5 Virginia Eubanks, *Automating Inequality: How High-Tech Tools Profile, Police, and Punish the Poor* (New York: St Martin's Press, 2017).

6 Northpointe, *Practitioner's Guide to COMPAS*, 2015, http://www.northpointeinc.com/downloads/compas/Practitioners-Guide-COMPAS-Core-_031915.pdf.

7 *Wisconsin v. Loomis 881* N.W.2d 749, 123 (Wis. 2016).

8 同上，第 100 页。

9 Raja Parasuraman and Dietrich H. Manzey, "Complacency and Bias in Human Use of Automation: An Attentional Integration," *Human Factors* 52, no. 3 (June 2010): 381-410.

10 C. D. Wickens and C. Kessel, "The Effect of Participatory Mode and Task Workload on the Detection of Dynamic System Failures," *IEEE Trans. Syst., Man, Cybern.* 9, no. 1 (January 1979): 24-31; E. L. Wiener and R. E. Curry, "Flight-Deck Automation: Promises

and Problems," *Ergonomics* 23, no. 10 (1980): 995-1011.

11 Lisanne Bainbridge, "Ironies of Automation," *Automatica* 19, no. 6 (1983): 775-779, 775.

12 同上，第 776 页（着重部分由作者标明）。

13 同上。

14 Gordon Baxter, John Rooksby, Yuanzhi Wang, and Ali Khajeh-Hosseini, "The Ironies of Automation … Still Going Strong at 30?" *Proc. ECCE Conference Edinburgh* (2012): 65-71, 68.

15 David Cebon, "Responses to Autonomous Vehicles," *Ingenia* 62 (March 2015): 10.

16 Bainbridge, "Ironies," 776.

17 Neville A. Stanton, "Distributed Situation Awareness," *Theoretical Issues in Ergonomics Science* 17, no. 1 (2016): 1-7.

18 Neville A. Stanton, "Responses to Autonomous Vehicles," *Ingenia* 62 (March 2015): 9; Mitchell Cunningham and Michael Regan, "Automated Vehicles May Encourage a New Breed of Distracted Drivers," *The Conversation,* September 25, 2018; Victoria A. Banks, Alexander Erikssona, Jim O'Donoghue, and Neville A. Stanton, "Is Partially Automated Driving a Bad Idea? Observations from an On-Road Study," *Applied Ergonomics* 68 (2018): 138-145; Victoria A. Banks, Katherine L. Plant, and Neville A. Stanton, "Driver Error or Designer Error: Using the Perceptual Cycle Model to Explore the Circumstances Surrounding the Fatal Tesla Crash on 7th May 2016," *Safety Science* 108 (2018): 278-285.

19 Bainbridge, "Ironies," 775.

20 同上，第 776 页。

21 Wiener and Curry, "Flight-Deck Automation."

22 例如，参见 Linda J. Skitka, Kathleen Mosier and Mark D. Burdick, "Accountability and Automation Bias," *International Journal of Human-Computer Studies* 52 (2000): 701-717; Parasuraman and Manzey, "Complacency and Bias"; Kayvan Pazouki, Neil Forbes, Rosemary A. Norman, and Michael D. Woodward, "Investigation on the Impact of Human-Automation Interaction in Maritime Operations," *Ocean Engineering* 153 (2018): 297-304.

23 Pazouki et al., "Investigation," 299.

24 同上。

25 Parasuraman and Manzey, "Complacency and Bias," 406.

26 Stanton, "Responses to Autonomous Vehicles."

27 Banks et al., "Driver Error or Designer Error," 283.

28 同上。

29 N. Bagheri and G. A. Jamieson, "Considering Subjective Trust and Monitoring Behavior in Assessing Automation-Induced 'Complacency'," in *Human Performance, Situation*

*Awareness, and Automation: Current Research and Trends,* ed. D. A. Vicenzi, M. Mouloua, and O. A. Hancock (Mahwah, NJ: Erlbaum, 2004).

30 Banks et al., "Driver Error or Designer Error," 283.

31 J. Pohl, "Cognitive Elements of Human Decision Making," in *Intelligent Decision Making: An AI-Based Approach,* ed. G. Phillips-Wren, N. Ichalkaranje and L. C. Jain (Berlin: Springer, 2008).

32 Banks et al., "Is Partially Automated Driving a Bad Idea?"; Banks et al., "Driver Error or Designer Error."

33 Guy H. Walker, Neville A. Stanton, and Paul M. Salmon, *Human Factors in Automotive Engineering and Technology* (Surrey: Ashgate, 2015).

34 Mark Bridge, "AI Can Identify Alzheimer's Disease a Decade before Symptoms Appear," *The Times,* September 20, 2017.

35 Nikolaos Aletras, Dimitrios Tsarapatsanis, Daniel Preotiuc-Pietro, and Vasileios Lampos, "Predicting Judicial Decisions of the European Court of Human Rights: A Natural Language Processing Perspective," *PeerJ Computer Science* 2, no. 93 (October 2016): 1-19.

36 Erik Brynjolfsson and Andrew McAfee, *Machine Platform Crowd: Harnessing Our Digital Future* (New York: Norton, 2017).

37 Skitka et al., "Accountability and Automation Bias," 701.

38 Parasuraman and Manzey, "Complacency and Bias," 392.

# 第 6 章

1 Samuel D. Warren and Louis D. Brandeis, "The Right to Privacy," *Harvard Law Review* 4, no. 5 (December 1890): 193-220.

2 Universal Declaration of Human Rights (1948).

3 Julie C. Inness, *Privacy, Intimacy and Isolation* (New York: Oxford University Press, 1992).

4 同上。

5 Daniel J. Solove, "A Taxonomy of Privacy," *University of Pennsylvania Law Review* 154, no. 3 (January 2006): 477-560.

6 David Banisar and Simon Davies, *Privacy and Human Rights: An International Survey of Privacy Law and Developments* (Global Internet Liberty Campaign, 2000), http://gilc. org/privacy/survey/intro.html.

7 Lilian Edwards and Michael Veale, "Slave to the Algorithm? Why a 'Right to an

Explanation' Is Probably Not the Remedy You Are Looking For," *Duke Law and Technology Review* 16, no. 1 (2017): 18-84, 32.

8 Privacy International, *Privacy and Freedom of Expression in the Age of Artificial Intelligence* (London: 2018)

9 David Locke and Karen Lewis, "The Anatomy of an IoT Solution: Oli, Data and the Humble Washing Machine," October 17, 2017, https://www.ibm.com/blogs/internet-of-things/washing-iot-solution/.

10 C. Epp, M. Lippold, and R.L. Mandryk, "Identifying Emotional States Using Keystroke Dynamics," *Proc. SIGHI Conference on Human Factors in Computing Systems* (2011): 715-724.

11 Yulin Wang and Michal Kosinski, "Deep Neural Networks Are More Accurate than Humans at Detecting Sexual Orientation from Facial Images," *Journal of Personality and Social Psychology* 114, no. 2 (2018): 246-257.

12 Blaise Agüera y Arcas, Alexander Todorov and Margaret Mitchell, "Do Algorithms Reveal Sexual Orientation or Just Expose Our Stereotypes?" *Medium*, January 11, 2018, https://medium.com/@blaisea/do-algorithms-reveal-sexual-orientation-or-just-expose-our-stereotypes-d998fafdf477.

13 John Leuner, "A Replication Study: Machine Learning Models Are Capable of Predicting Sexual Orientation from Facial Images," February 2019, Preprint, https://arxiv.org/pdf/1902.10739.pdf.

14 Paul Ohm, "Broken Promises of Privacy: Responding to the Surprising Failure of Anonymization," *UCLA Law Review* (2010) 57: 1701-1777.

15 J.P. Achara, G. Acs and C. Castelluccia, "On the Unicity of Smartphone Applications" *Proc. 14th ACM Workshop on Privacy in the Electronic Society* (2015): 27-36.

16 US Department of Housing and Urban Development, "HUD Charges Facebook with Housing Discrimination over Company's Targeted Advertising Practices," HUD press release no. 19-035, March 28, 2019.

17 Katie Benner, Glenn Thrush, and Mike Isaac, "Facebook Engages in Housing Discrimination with Its Ad Practices, US Says," *New York Times*, March 28, 2019.

18 同上。

19 Virginia Eubanks, *Automating Inequality: How High-Tech Tools Profile, Police, and Punish the Poor* (New York: St Martin's Press, 2017).

20 Salesforce and Deloitte, *Consumer Experience in the Retail Renaissance*, 2018, https://c1.sfdcstatic.com/content/dam/web/en_us/www/documents/e-books/learn/consumer-experience-in-the-retail-renaissance.pdf.

21 Elizabeth Denham, *Investigation into the Use of Data Analytics in Political Campaigns: A Report to Parliament* (London: Information Commissioner's Office, 2018)

22 同上，第 4 页，也请查阅信息委员办公室颁布的《破坏民主？个人信息和政治影响》（伦敦：信息委员会办公室，2018 年）。

23 Information Commissioner's Office, *Democracy Disrupted*.

24 Mary Madden and Lee Raine, *Americans' Attitudes about Privacy, Security and Surveillance* (Washington: Pew Research Center, 2015), https://www.pewinternet.org/2015/05/20/americans-attitudes-about-privacy-security-and-surveillance/.

25 Ann Couvakian, "7 Foundational Principles," *Privacy by Design* (Ontario: Information and Privacy Commissioner, 2009), https://www.ipc.on.ca/wp-content/uploads/Resources/7foundationalprinciples.pdf.

26 Sandra Wachter and Brent D. Mittelstadt, "A Right to Reasonable Inferences: Re-thinking Data Protection Law in the Age of Big Data and AI" *Columbia Business Law Review* (forthcoming).

27 Article 29 Data Protection Working Party, "Opinion 4/2007 on the Concept of Personal Data," 01248/07/EN (June 20, 2007), https://ec.europa.eu/justice/article-29/documentation/opinion-recommendation/files/2007/wp136_en.pdf.

# 第 7 章

1 Evgeny Morozov, "The Real Privacy Problem," *MIT Technology Review*, October 22, 2013, http://www.technologyreview.com/featuredstory/520426/the-real-privacy-problem/.

2 Yuval Noah Harari, "Liberty," in *21 Lessons for the 21st Century* (London: Harvill Secker, 2018).

3 例如，Suzy Killmister, *Taking the Measure of Autonomy: A Four-Dimensional Theory of Self-Governance* (London: Routledge, 2017) and Quentin Skinner, "The Genealogy of Liberty," Public Lecture, UC Berkley, September 15, 2008, video, 1:17:03, https://www.youtube.com/watch?v=ECiVz_zRj7A.

4 Joseph Raz, *The Morality of Freedom* (Oxford: Oxford University Press, 1986), 373.

5 Barry Schwartz, *The Paradox of Choice: Why Less Is More* (New York: Harper Collins,2004).

6 Philip Pettit, *Republicanism: A Theory of Freedom and Government* (Oxford: Oxford University Press, 2001); Philip Pettit, "The Instability of Freedom as NonInterference: The Case of Isaiah Berlin," *Ethics* 121, no. 4 (2011): 693-716; Philip Pettit, *Just Freedom: A*

*Moral Compass for a Complex World* (New York: Norton, 2014).

7  John Danaher, "Moral Freedom and Moral Enhancement: A Critique of the 'Little Alex' Problem," in *Royal Institute of Philosophy Supplement on Moral Enhancement*, ed. Michael Hauskeller and Lewis Coyne (Cambridge: Cambridge University Press, 2018).

8  Brett Frischmann and Evan Selinger, *Re-Engineering Humanity* (Cambridge: Cambridge University Press, 2018).

9  C. T. Nguyen, "Echo Chambers and Epistemic Bubbles" *Episteme* (forthcoming), https://doi.org/10.1017/epi.2018.32.

10  David Sumpter, *Outnumbered: From Facebook and Google to Fake News and FilterBubbles: The Algorithms that Control Our Lives* (London: Bloomsbury Sigma, 2018).

11  Jamie Susskind, *Future Politics: Living Together in a World Transformed by Tech* (New York: Oxford University Press, 2018).

12  同上，第 347 页。

13  Susskind, *Future Politics*.

14  J. Matthew Hoye and Jeffrey Monaghan, "Surveillance, Freedom and the Republic," *European Journal of Political Theory*, 17, no. 3 (2018): 343-363.

15  For a critical meta-analysis of this phenomenon, see B. Scheibehenne, R. Greifeneder, and P. M. Todd, "Can There Ever Be Too Many Options? A Meta-Analytic Review of Choice Overload," *Journal of Consumer Research*, 37 (2010): 409-425.

16  Nick Bostrom and Toby Ord, "The Reversal Test: Eliminating Status Quo Bias in Applied Ethics," *Ethics* 116 (2006): 656-679.

17  Shoshana Zuboff, *The Age of Surveillance Capitalism* (London: Profile Books, 2019).

18  Rogier Creemers, "China's Social Credit System: An Evolving Practice of Control," May 9,2018, https://ssrn.com/abstract=3175792.

19  Richard Thaler and Cass Sunstein, *Nudge: Improving Decisions about Health, Wealth and Happiness* (London: Penguin, 2009).

20  Daniel Kahneman, *Thinking, Fast and Slow* (New York: Farrar, Straus and Giroux, 2011).

21  Cass Sunstein, *The Ethics of Influence* (Cambridge: Cambridge University Press, 2016).

22  Karen Yeung, "'Hypernudge': Big Data as a Mode of Regulation By Design," *Information, Communication and Society* 20, no. 1 (2017): 118-136; Marjolein Lanzing, "'Strongly Recommended': Revisiting Decisional Privacy to Judge Hypernudging in Self-Tracking Technologies," *Philosophy and Technology (2018)*, https://doi.org/10. 1007/s13347-018-0316-4.

23 Tom O'Shea, "Disability and Domination," *Journal of Applied Philosophy* 35, no. 1 (2018): 133-148.

24 Janet Vertesi, "Internet Privacy and What Happens When You Try to Opt Out," *Time*, May 1, 2014.

25 Angèle Christin, "Counting Clicks. Quantification and Variation in Web Journalism in the United States and France," *American Journal of Sociology* 123, no. 5(2018): 1382-1415; Angèle Christin, "Algorithms in Practice: Comparing Web Journalism and Criminal Justice," *Big Data and Society* 4, no. 2 (2017): 1-14.

26 Alexandre Bovet and Hernán A. Makse, "Influence of Fake News in Twitter during the 2016 US Presidential Election," *Nature Communications* 10 (2019), https://www. nature.com/articles/s41467-018-07761-2.

27 Andrew Guess, Brendan Nyhan, Benjamin Lyons, and Jason Reifler, *Avoiding the Echo Chamber about Echo Chambers*, Knight Foundation White Paper, 2018, https://kf-site-production.s3.amazonaws.com/media_elements/files/000/000/133/original/Topos_KF_White-Paper_Nyhan_V1.pdf; Andrew Guess, Jonathan Nagler, and Joshua Tucker, "Less Than You Think: Prevalence and Predictors of Fake News Dissemination on Facebook," *Science Advances* 5, no. 1 (Jan 2019).

28 Michele Loi and Paul Olivier DeHaye, "If Data Is the New Oil, When Is the Extraction of Value from Data Unjust?" *Philosophy and Public Issues* (New Series) 7, no. 2 (2017): 137-178.

29 Mark Zuckerberg, "A Blueprint for Content Governance and Enforcement," November 15, 2018, https://m.facebook.com/notes/mark-zuckerberg/a-blueprint-for-content-governance-and-enforcement/10156443129621634/.

30 Frischmann and Selinger, *Re-Engineering Humanity*, 270-271.

31 Susskind, *Future Politics*.

32 如果想要回顾自动化如何成为欧洲启蒙思想的中心，请查阅 J. B. Schneewind, *The Invention of Autonomy* (Cambridge: Cambridge University Press, 1998)。

# 第 8 章

1 Adam Smith, "Of the Division of Labour" in *On the Wealth of Nations* (London: Strahan and Cadell, 1776).

2 Thomas Malone, *Superminds: The Surprising Power of People and Computers Thinking Together* (London: Oneworld Publications, 2018); Joseph Henrich, *The Secret of Our Success* (Princeton, NJ: Princeton University Press 2015).

3 Fabienne Peter, "Political Legitimacy," in *The Stanford Encyclopedia of Philosophy*, ed. Edward N. Zalta, Spring 2017, https://plato.stanford.edu/entries/legitimacy/; John Danaher, "The Threat of Algocracy: Reality, Resistance and Accommodation," *Philosophy and Technology* 29, no. 3 (2016): 245-268.

4 Paul Tucker, *Unelected Power: The Quest for Legitimacy in Central Banking and the Regulatory State* (Princeton, NJ: Princeton University Press, 2018).

5 这个故事根据多个不同来源拼凑而成，主要来源有："Gardai Renewed Contract for Speed Vans that 'Should Be Consigned to the Dustbin,'" *The Journal*, October 16, 2016, https://www.thejournal.ie/gosafe-speed-camera-van-2-2715 Downloaded from http://direct.mit.edu/books/book/chapter-pdf/1885724/9780262361323_c001200.pdf by UNIV OF CALIFORNIA SANTA BARBARA user on 29 April 2021198 Notes 594-Apr2016/; "Donegal Judge Dismisses Go-Safe Van Speeding Cases," Donegal News, December 3, 2014, https://donegalnews.com/2014/12/donegal-judge-dismisses-go-safe-van-speeding-cases/; Gordon Deegan, "Judge Asks Are Men in Speed Camera Vans Reading Comic Books," The Irish Times, March 22, 2014, https://www.irishtimes.com/news/crime-and-law/courts/judge-asks-are-men-in-speed-camera-vans-reading-comic-books-1.1734313;

Wayne O'Connor Judge, "Go Safe Speed Camera Vans Bring Law into Disrepute," The Irish Independent, December 4, 2014, https://www.independent.ie/irish-news/courts/judge-go-safe-speed-camera-vans-bring-law-into-disrepute-30797457.html; Edwin McGreal, "New Loophole Uncovered in Go Safe Prosecutions," Mayo News, April 28, 2015, http://www.mayonews.ie/component/content/article?id=21842:new-loophole-uncovered-in-go-safe-prosecutions. It is also based on two Irish legal judgments: Director of Public Prosecutions v. Brown [2018] IEHC 471; and Director of Public Prosecutions v. Gilvarry [2014] IEHC 345.

6 我们应该注意到，有些人对超速行驶是不是造成交通意外伤亡事故的主要原因存在争议，或者认为夸大了其危害性。安东尼·贝汉（Anthony Behan）的硕士论文《技术政治：评估爱尔兰执法自动化的障碍》（硕士论文，爱尔兰国立大学，科克，2016 年）对这一问题进行了很好的梳理，尤其研究了爱尔兰和英国对自动测速仪的态度。详情可浏览：https://www.academia.edu/32662269/The_Politics_of_Technology_An_Assessment_of_the_Barriers_to_Law_Enforcement_Automation_in_Ireland。

7 "Gardai Renewed Contract."

8 "'Motorists Were Wrongly Fined': Speed Camera Whistleblower," *The Journal*, April 1,

2014, https://www.thejournal.ie/wrongly-fined-1393534-Apr2014/.

9 "GoSafe speed-camera system an 'abject failure': Judge Devins," *Mayo News* March 20, 2012, http://www.mayonews.ie/component/content/article?id=14888:gosafe-speed-camera-system-an-abject-failure-judge-devins.

10 其中一些与如何处理证据的法律不确定性有关。爱尔兰法院检察长诉布朗（2018）(IEHC 471)和检察长诉吉尔瓦里(2014)(IEHC345)中处理了其中一些不确定性。

11 "Gardai Renewed Contract."

12 Cary Coglianese and David Lehr, "Regulating by Robot: Administrative Decision Making in the Machine-Learning Era," *The Georgetown Law Journal* 105 (2017): 1147-1223; Marion Oswald, "Algorithm-Assisted Decision-Making in the Public Sector: Framing the Issues Using Administrative Law Rules Governing Discretionary Power," *Philosophical Transactions of the Royal Society A* 376 (2018): 1-20.

13 Coglianese and Lehr, "Regulating by Robot," 1170.

14 Michael Wellman and Uday Rajan, "Ethical Issues for Autonomous Agents," *Minds and Machines* 27, no. 4 (2017): 609-624.

15 Coglianese and Lehr, "Regulating by Robot," 1178.

16 同上，第1182页到1184页。

17 Oswald, "Algorithm-Assisted Decision-Making in the Public Sector," 14.

18 Coglianese and Lehr, "Regulating by Robot," 1185.

19 Virginia Eubanks, *Automating Inequality* (New York: St Martin's Press, 2017); Dan Hurley, "Can an Algorithm Tell When Kids Are in Danger?" *New York Times*, January 2, 2018, https://www.nytimes.com/2018/01/02/magazine/can-an-algorithm-tell-when-kids-are-in-danger.html; "The Allegheny Family Screening Tool," Allegheny County, https://www.alleghenycountyanalytics.us/wp-content/uploads/2017/07/AFST-Frequently-Asked-Questions.pdf.

20 Rhema Vaithianathan, Bénédicte Rouland, and Emily Putnam-Hornstein, "Injury and Mortality Among Children Identified as at High Risk of Maltreatment," *Pediatrics* 141 no. 2 (February 2018): e20172882.

21 Teuila Fuatai, " 'Unprecedented Breaches of Human Rights': The Oranga Tamariki Inquiry Releases Its Findings," *Spinoff*, February 4, 2020, https://thespinoff.co.nz/atea/ numa/04-02-2020/unprecedented-breaches-of-human-rights-the-oranga-tamariki-inquiry-releases-its-findings/.

22 Virginia Eubanks, *Automating Inequality*, 138.

23 Stacey Kirk, "Children 'Not Lab-Rats'—Anne Tolley Intervenes in Child Abuse Ex-

periment," Stuff, July 30, 2015, https://www.stuff.co.nz/national/health/70647353/children-not-lab-rats---anne-tolley-intervenes-in-child-abuse-experiment.

24 "Allegheny Family."

25 Tim Dare and Eileen Gambrill, "Ethical Analysis: Predictive Risk Models at Call Screening for Allegheny County," *Ethical Analysis: DHS Response*, (Allegheny County, PA: Allegheny County Department of Human Services, 2017), https://www.alleghenycounty.us/WorkArea/linkit.aspx?LinkIdentifier=id&ItemID=6442457401.

26 "Frequently Asked Questions" Allegheny County, last modified July 20, 2017, https://www.alleghenycountyanalytics.us/wp-content/uploads/2017/07/AFST-Frequently-Asked-Questions.pdf/.

27 Virginia Eubanks, "The Allegheny Algorithm," *Automating Inequality*.

28 Virginia Eubanks, "A Response to the Allegheny County DHS," *Virginia Eubanks (*blog*)*, February 6, 2018, https://virginia-eubanks.com/2018/02/16/a-response-to-alleg heny-county-dhs/.

29 Evgeny Morozov, *To Save Everything Click Here* (New York: Public Affairs, 2013).

30 Dare and Gambrill, "Ethical Analysis," 5-7.

31 Joseph Tainter, *The Collapse of Complex Societies* (Cambridge: Cambridge University Press, 1988).

32 Guy Middleton, *Understanding Collapse: Ancient History and Modern Myths* (Cambridge: Cambridge University Press, 2011).

33 Miles Brundage, "Scaling Up Humanity: The Case for Conditional Optimism about AI," in *Should We Fear the Future of Artificial Intelligence?* European Parliamentary Research Service (2018). For a similar, though slightly more pessimistic, argument, see Phil Torres, "Superintelligence and the Future of Governance: On Prioritizing the Control Problem at the End of History," in *Artificial Intelligence Safety and Security*, ed. Roman V. Yampolskiy (Boca Raton, FL: Chapman and Hall/CRC Press, 2017).

# 第 9 章

1 若要寻找一个好的例子，请查阅汤姆·福特（Tom Ford）《机器人崛起：技术和未来失业的威胁》一书中"七种消亡趋势"一章，第 35 页至第 61 页。

2 *The Economic Report of the President* (Washington, D.C.: Chair of the Council of Economic

Advisers, 2013), table B-47.

3　Thomas Piketty, *Capital in the Twenty-First Century* (Cambridge, MA: Harvard University Press, 2014).

4　J. Mokyr, *The Enlightened Economy: Britain and the Industrial Revolution 1700—1850* (London: Penguin, 2009).

5　E. Brynjolfsson and A. McAfee, *The Second Machine Age: Work, Progress, and Prosperity in a Time of Brilliant Technologies* (New York: Norton, 2014).

6　Helmut Küchenhoff, "The Diminution of Physical Stature of the British Male Population in the 18th-Century," *Cliometrica* 6, no. 1 (2012): 45-62.

7　R. C. Allen, "Engels' Pause: Technical Change, Capital Accumulation, and Inequality in the British Industrial Revolution," *Explorations in Economic History* 46, no. 4 (2009): 418-435.

8　John M. Keynes, *Essays in Persuasion* (London: Macmillan, 1931), 358-374.

9　Jeremy Rifkin, *The End of Work: The Decline of the Global Labor Force and the Dawn of the Post-Market Era* (New York: Putnam Publishing Group, 1995).

10　Carl B. Frey and Michael A. Osborne, "The Future of Employment: How Susceptible Are Jobs to Computerisation?" (working paper, Oxford Martin School, University of Oxford, 2013), https://www.oxfordmartin.ox.ac.uk/downloads/academic/The_Future_of_Employment.pdf.

11　M. Artnz, T. Gregory, and U. Ziehran, "The Risk of Automation for Jobs in OECD Countries," OECD Social, Employment, and Migration Working Papers, no. 189 (2016), https://www.keepeek.com//Digital-Asset-Management/oecd/socialissues-migration-health/the-risk-of-automation-for-jobs-in-oecd-countries_5jlz9h56dvq7en#page1.

12　详细讨论请参考 *The Impact of Artificial Intelligence on Work: An Evidence Review Prepared for the Royal Society and the British Academy* (London: Frontier Economics, 2018), section 3.2.2, https://royalsociety.org/-/media/policy/projects/ai-and-work/frontier-review-the-impact-of-AI-on-work.pdf.

13　"Why Women Still Earn Much Less than Men," in *Seriously Curious: The Economist Explains the Facts and Figures that Turn Your World Upside Down*, ed. Tom Standage (London: Profile Books, 2018), 115.

14　Katharine McKinnon, "Yes, AI May Take Some Jobs—But It Could Also Mean More Men Doing Care Work," *The Conversation*, September 13, 2018.

15　"Why Women Still Earn Much Less than Men," 115.

16　Fabrizio Carmignani, "Women Are Less Likely to Be Replaced by Robots and Might Even Benefit from Automation," *The Conversation*, May 17, 2018.

17　McKinnon, "Yes, AI May Take Some Jobs."

18 同上。

19 M. Goos and A. Manning, "Lousy and Lovely Jobs: The Rising Polarization of Work in Britain," *The Review of Economics and Statistics* 89, no. 1 (2004): 118-133.

20 Daron Acemoglu and David Autor, "Skills, Tasks and Technologies: Implications for Employment and Earnings," in *Handbook of Labor Economics*, vol. 4B, ed. Orley Ashenfelter and David Card (Amsterdam: Elsevier, 2011).

21 Daron Acemoglu and Pascual Restrepo, "Robots and Jobs: Evidence from US Labor Markets," National Bureau of Economic Research Working Paper, no. 23285, Cambridge, MA, March 2017

22 S. Kessler, *Gigged: The Gig Economy, the End of the Job and the Future of Work* (London: Random House, 2018).

23 A. Rosenblat and L. Stark, "Algorithmic Labor and Information Asymmetries: A Case Study of Uber's Drivers," *International Journal of Communication* 10 (2016): 3758-3784.

24 Jack Shenker, "Strike 2.0: The Digital Uprising in the Workplace," *The Guardian Review*, August 31, 2019, 9.

25 同上。

26 Adam Greenfield, *Radical Technologies: The Design of Everyday Life* (London: Verso, 2017), 199.

27 For a good discussion of the risks of algorithm use in the gig economy see Jeremias Prassl's *Humans As a Service: The Promise and Perils of Work in the Gig Economy* (New York: Oxford University Press, 2018).

28 Shenker, "Strike 2.0," 10.

29 Bertrand Russell, *In Praise of Idleness and Other Essays* (London: Allen and Unwin, 1932), 23.

30 同上。

31 This argument is nicely set out in Kate Raworth's much-cited *Doughnut Economics: Seven Ways to Think Like a 21st-Century Economist* (White River Junction, VT: Chelsea Green Publishing, 2017).

32 "OECD Average Annual Hours Actually Worked per Worker," Statistics, Organization for Economic Co-operation and Development, last modified March 16, 2020, https://stats.oecd.org/Index.aspx?DataSetCode=ANHRS

33 Russell, *In Praise of Idleness*.

34 Bertrand Russell, *The Conquest of Happiness* (New York: Liveright, 1930)

35 同上。

# 第 10 章

1 "Elon Musk: Artificial Intelligence Is Our Biggest Existential Threat," *The Guardian*, October 27, 2014, https://www.theguardian.com/technology/2014/oct/27/elon-musk-artificial-intelligence-ai-biggest-existential-threat.

2 Amanda Macias, "Facebook CEO Mark Zuckerberg Calls for More Regulation of Online Content," *CNBC*, Fenruary 15, 2020, https://www.cnbc.com/2020/02/15/facebook-ceo-zuckerberg-calls-for-more-government-regulation-online-content.html.

3 Cathy Cobey, "AI Regulation: It's Time for Training Wheels," *Forbes*, March 2019, https://www.forbes.com/sites/insights-intelai/2019/03/27/ai-regulation-its-time-for-raining-wheels/#51c8af952f26.

4 James Arvanitakis, "What are Tech Companies Doing about Ethical Use of Data? Not Much," *The Conversation*, November 28, 2018, https://theconversation.com/what-are-tech-companies-doing-about-ethical-use-of-data-not-much-104845.

5 Jacob Turner, *Robot Rules: Regulating Artificial Intelligence* (London: Palgrave Macmillan,2019),210.

6 Turner, *Robot Rules*, 212-213.

7 Google, "Perspectives on Issues in AI Governance," 2019, https://ai.google/static/documents/perspectives-on-issues-in-ai-governance.pdf.

8 同上。

9 Roger Brownsword and Morag Goodwin, *Law and the Technologies of the Twenty First Century* (Cambridge: Cambridge University Press, 2016).

10 "Autonomous Weapons: An Open Letter from AI and Robotics Researchers," Future of Life Institute, July 28, 2015, https://futureoflife.org/open-letter-autonomous-weapons

11 Anita Chabrita, "California Could Soon Ban Facial Recognition Technology on Police Body Scanners," *Los Angeles Times*, September 12, 2019.

12 Shirin Ghaffary, "San Franciscos's Facial Recognition Technology Ban, Explained," *Vox*, May 14, 2019, https://www.vox.com/recode/2019/5/14/18623897/san-francisco-facial-recognition-ban-explained.

13 Renee Diresta, "A New Law Makes Bots Identify Themselves: That's the Problem," *Wired*, July 24, 2019, https://www.wired.com/story/law-makes-bots-identify-themselves.

14 "OECD Principles on AI," *Going Digital*, June, 2019, https://www.oecd.org/going-digital/ai/principles/.

15 "Beijng AI Principles," BAAI (blog), May 29, 2019, https://www.baai.ac.cn/blog/beijing-

ai-principles.

16 House of Lords Select Committee on Artificial Intelligence, "AI in the UK: Ready, Willing and Able?" April 2018, https://publications.parliament.uk/pa/ld201719/ldselect/ldai/100/100.pdf.

17 The Japanese Society for Artificial Intelligence, *Ethical Guidelines*, May 2017, http://ai-elsi.org/wp-content/uploads/2017/05/JSAI-Ethical-Guidelines-1.pdf.

18 "Asilomar AI Principles," Future of Life Institute, 2017, https://futureoflife.org/ai-principles.

19 "Microsoft AI Principles," Microsoft Corporation, November 2018, https://www.microsoft.com/en-us/ai/our-approach-to-ai; Sundar Pichai, "AI at Google: Our Principles," *Google AI* (blog), June 7, 2018, https://www.blog.google/technology/ai/ai-principles/.

20 House of Lords Select Committee, 13.

21 Gregory N. Mandel, "Emerging Technology Governance," in *Innovative Governance Models for Emerging Technologies*, ed. Gary Marchant, Kenneth Abbot, and Braden Allenby (Cheltenham:Edward Elgar Publishing, 2013), 62.

22 Cass R. Sunstein, *Laws of Fear: Beyond the Precautionary Principle* (Cambridge: Cambridge University Press, 2005), 58.

23 European Parliament Resolution of 16 February 2017 with Recommendations to the Commission on Civil Law Rules on Robotics (2015/2103(INL)), http://www.europarl.europa.eu/doceo/document/TA-8-2017-0051_EN.html.

24 Nick Bostrom, "Existential Risks: Analyzing Human Extinction Scenarios and Related Hazards," *Journal of Evolution and Technology* 9 (2002): 3.

25 同上。

26 Ben Rooney, "Women and Children First: Technology and Moral Panic," *Wall Street Journal*, June 11, 2011.

27 Eric E. Johnson, "The Black Hole Case: The Injunction against the End of the World," *Tennessee Law Review* 76, no. 4 (2009): 819-908.

28 Karen Hao, "Here Are 10 Ways AI Could Help Fight Climate Change," *MIT Technology Review*, June 20, 2019, https://www.technologyreview.com/s/613838/ai-climate-change-machine-learning/.

29 Scherer, "Regulating Artificial Intelligence Systems."

30 Andrea Coravos, Irene Chen, Ankit Gordhandas, and Ariel D. Stern, "We Should Treat Algorithms Like Prescription Drugs," *Quartz*, February 15, 2019; Olaf J. Groth, Mark J. Nitzberg, and Stuart J. Russell, "AI Algorithms Need FDA-Style Drug Trials," *Wired*, August 15, 2019; Andrew Tutt, "An FDA for Algorithms," *Administrative Law Review* 69,

no. 1 (2017): 83

31　Groth et al., "AI Algorithms Need FDA-Style Drug Trials."

32　Coravos et al., "We Should Treat Algorithms Like Prescription Drugs."

33　同上。

34　Colin Gavaghan, Alistair Knott, James Maclaurin, John Zerilli and Joy Liddicoat, *Government Use of Artificial Intelligence in New Zealand* (Wellington: New Zealand Law Foundation, 2019).

35　Tutt, "An FDA for Algorithms."

36　Michael Taylor, "Self-Driving Mercedes-Benzes Will Prioritize Occupant Safety over Pedestrians," *Car and Driver*, October 7, 2016, https://www.caranddriver.com/news/a15344706/self-driving-mercedes-will-prioritize-occupant-safety-over-pedestrians/.

37　同上。

38　Jean-François Bonnefon, Azim Shariff, and Iyad Rahwan, "The Social Dilemma of Autonomous Vehicles," *Science* 352, no. 6293 (June 2016): 1573-1576.

39　同上，第 1575 页。

40　Edmond Awad, Sohan Dsouza, Richard Kim, Jonathan Schulz, Joseph Henrich, Azim Shariff, Jean-François Bonnefon, and Iyad Rahwan, "The Moral Machine Experiment," *Nature* 563 (2018): 59-64.

41　Federal Ministry of Transport and Digital Infrastructure, "Automated and Connected Driving," *Ethics Commission Report*, June 20, 2017.

# 后　记

1　Javier Espinoza, "Coronavirus Prompts Delays and Overhaul of EU Digital Strategy," *Financial Times*, March 22, 2020.

2　Pascale Davies, "Spain Plans Universal Basic Income to Fix Coronavirus Economic ," *Forbes*, April 6, 2020, https://www.forbes.com/sites/pascaledavies/2020/04/06/spain-aims-to-roll-out-universal-basic-income-to-fix-coronavirus-economic-crisis/#68d9f7474b35.

# 译 后 记

人工智能是引领新一轮科技革命和产业变革的基础性和战略性技术，正成为发展新质生产力的重要引擎，同时也面临法律、安全、伦理、就业等一系列挑战。在此背景下，秉持以人为本、智能向善的理念，进一步加强公众对人工智能的认知与理解，提升公众的数字素养与安全意识显得尤为重要。

作为一本面向大众的人工智能读物，本书深入浅出地阐释了人工智能对社会、伦理和法律的影响。围绕人工智能的定义、透明性、责任与义务、隐私、自主性、算法、就业以及监管等核心问题，作者不仅解释了人工智能技术的基本原理，还深入探讨了其在日常生活中的应用、风险与挑战，尤其是在数据隐私、算法偏见和自动化等领域。译者期望本书能够帮助读者更好地理解人工智能的复杂性及其对未来社会的潜在影响，并能启发更多人思考在人工智能时代如何坚守全人类共同价值。

本书出版过程中得到了科学出版社的大力支持，特别感谢刘媛媛、金珊、尹雪琛、张艺馨、梁绮兰、李韵佳在本书翻译、审校方面的重要贡献，他们为本书的出版做了大量工作。本书译者努力追求译文的"信、达、雅"，但难免仍有疏漏和不足之处，敬请广大读者提出宝贵意见。

译 者

2024 年 9 月